Wilh. Schmidt

Jahrbuch

der

Schiffbautechnischen Gesellschaft

Sechsundzwanzigster Band

1925

Berlin

Verlag von Julius Springer

1925

ISBN-13:978-3-642-90170-6   e-ISBN-13:978-3-642-92027-1
DOI: 10.1007/978-3-642-92027-1

Softcover reprint of the hardcover 1st edition   1925

Inhaltsverzeichnis.

Geschäftliches.

I. Mitgliederliste.

Schirmherr:

SEINE MAJESTÄT KAISER WILHELM II.

Ehrenvorsitzender:

SEINE KÖNIGLICHE HOHEIT, Dr.-Ing.
GROSSHERZOG FRIEDRICH AUGUST.

Vorsitzender:

Carl Busley, Dr.-Ing., Geheimer Regierungsrat, Professor, Berlin.

Stellvertretender Vorsitzender:

Johannes Rudloff, Dr.-Ing., Wirklicher Geheimer Oberbaurat, Professor, Berlin.

Fachmännische Beisitzer:

Gustav Bauer, Dr.-Ing., Dr. phil., Direktor der Vulcan-Werke, Hamburg.
Caspar Berninghaus, Dr.-Ing., Werftbesitzer, Duisburg.
Paul Presse, Geh. Oberbaurat, Berlin.

Victor Nawatzki, Vorsitzender des Aufsichtsrates des Bremer Vulkan, Vegesack.
Carl Pagel, Dr.-Ing., Professor, Generaldirektor des Germanischen Lloyd, Berlin.

Beisitzer:

Arnold Amsinck, Vorsitzender des Vorstandes der Woermann-Linie A. G. und der Deutschen Ost-Afrika-Linie, Hamburg.
Eduard Gribel, Reeder, Stettin.

Philipp Heineken, Dr.-Ing., Präsident des Norddeutschen Lloyd, Bremen.
Walter Borbet, Generaldirektor des Bochumer Vereins für Bergbau u. Gußstahl-Fabrikation, Bochum.

Geschäftsstelle: Berlin NW 6, Schumannstr. 2.

Fernsprecher: Norden 926.

Drahtung: Berlin, Schifftechnik.

Bankkonto: Disconto-Gesellschaft, Berlin, Stadtzentrale K. A. 417.

Postscheckkonto: Berlin 38 469.

1*

1. Ehrenmitglieder:

SEINE KÖNIGLICHE HOHEIT, Dr.-Ing.
HEINRICH, PRINZ VON PREUSSEN
(seit 1901).

SEINE KAISERLICHE HOHEIT, KRONPRINZ WILHELM
(seit 1902),

SEINE KÖNIGLICHE HOHEIT GROSSHERZOG FRIEDRICH FRANZ IV.
(seit 1904),

Hermann Blohm, Dr.-Ing., Werftbesitzer in Firma Blohm & Voss, Hamburg
(seit 1918).

Carl Busley, Dr.-Ing., Geheimer Regierungsrat, Professor, Berlin
(seit 1920),

Johannes Rudloff, Dr.-Ing., Wirklicher Geheimer Oberbaurat, Professor, Berlin
(seit 1923),

Philipp Heineken, Dr. Ing., Präsident des Norddeutschen Lloyd, Bremen
(seit 1924),

Victor Nawatzki, Vorsitzender des Aufsichtsrates des Bremer Vulkan, Vegesack
(seit 1924).

2. Inhaber der Goldenen Denkmünze der Schiffbautechnischen Gesellschaft:

SEINE MAJESTÄT **KAISER WILHELM II.**
(seit 1907),

SEINE KÖNIGLICHE HOHEIT, Dr.-Ing.
GROSSHERZOG FRIEDRICH AUGUST
(seit 1908),

Carl Busley, Dr.-Ing., Geheimer Regierungsrat, Professor, Berlin
(seit 1913),

Hermann Frahm, Dr.-Ing., Direktor der Werft von Blohm & Voß, Hamburg
(seit 1924).

3. Inhaber der Silbernen Denkmünze der Schiffbautechnischen Gesellschaft:

Hermann Föttinger, Dr.-Ing., Professor an der Techn. Hochschule in Berlin
(seit 1906),

Gustav Bauer, Dr.-Ing., Dr. phil., Direktor der Vulcan-Werke, Hamburg
(seit 1916),

Karl Schaffran, Dr.-Ing., Vorsteher der Schiffbauabteilung der Versuchsanstalt
für Wasserbau und Schiffbau, Berlin
(seit 1920).

4. Fachmitglieder.

a) Lebenslängliche Fachmitglieder:

Allard, Erik, Ingenieur der Königl. Marineverwaltung, Stockholm, Mastersammelsgatan 6.

Baur, G., Geheimer Baurat, Fried. Krupp A.-G., Essen.

Berghoff, Otto, Marinebaurat, Berlin C 54, Dragonerstr. 23.

Berninghaus, C., Dr.-Ing. und Werftbesitzer, Duisburg.

15 van Beuningen, Frederik, Direktor der Machinefabrik en Scheepswerf, P. Smit jun., Rotterdam, Avenue Concordia 75.

Bignami, Leopold, Schiffbau-Ingenieur, Genua, Piazza Grillo Cattaneo 6.

Blohm, Rudolf, Dipl.-Ing., i. F. Blohm & Voß, Hamburg 9.

Blohm, Walter, Dipl.-Ing., pers. haftender Gesellschafter der Kommanditges. Blohm & Voß, Hamburg, Mittelweg 119.

Bodewes, G. H., Direktor der Lobith'sche Scheepsbouw Maatschappij Lobith, Holland.

20 Bodewes, Jan, Direktor der Lobith'sche Scheepsbouw Maatschappij Lobith, Holland.

Böös, Carl C: son, Marinebaumeister, Stockholm, Karlavägen 58.

Bormann, Alfr., Schiffbau - Ober - Ingenieur, Wiborg, Neitsytniemi, Pekonkatn 5 as 2.

Boschi, Luigi, Schiffbau-Ingenieur, Cantiere Navale Gio Ansaldo & Co., Sestri Ponente.

Brodin, Olof, Dipl.-Ing., Stockholm, Kornhamnstorg 53.

25 Bruhn, Johannes, Dr., Direktor von Norske Veritas, Oslo, Post Boks 82.

Burchard, Carl, Fabrikbesitzer, Hamburg 24, Papenhuderstr. 6.

Burgerhout, Adolf, Direktor d. N. V. Burgerhout's Machinefabrik en Scheepswerf, Rotterdam.

Burgerhout, Hugo, Direktor d. N. V. Burgerhout's Machinefabrik en Scheepswerf, Rotterdam.

Cassel, Fredrik, Marinebaumeister d. R., Direktor der Ingeniörfirma Ture N. Steen Aktiebolag, Stockholm, Hjorthavägen.

30 de Champs, Ch., Commodore der Königl. Schwed. Marine, Schiffbau- und Elektro-Ingenieur von der Königl. Techn. Hochschule in Stockholm, Stockholm, Johannesgatan 20.

Claussen, Georg, Mitglied des Vorstandes d. Joh. C. Tecklenborg A.-G., Geestemünde, Claussenstraße 4.

Cornehls, Otto, Direktor der Reiherstieg-Schiffswerfte u. Maschinenfabrik, Wandsbek, Ahornstr. 6.

Creutz, Carl Alfr., Schiffbau-Ingenieur, Bayonne, 198 Ave C, N. J., U. S. A.

Creutz, Claes Emil, Schiffsmaschinenbau-Ingenieur, Bayonne, N. J. c. o. Creutz, Martin, I. P. Banks Electric Co., 4 Phönix-Ave, Waterbury. Conn. U. S. A.

35 Ekström, Gunnar, Extra - Marine - Ingenieur, Stockholm, Birger Jarlsgatan 58.

Fasse, Adolf, Technischer Direktor der Ottensener Eisenwerk A.-G., Altona-Ottensen, Brunnenstr. 111.

Flohr, Justus, Dr.-Ing., Geheimer Baurat, Pyrmont.

Frahm, Herm., Dr.-Ing., Direktor der Werft Blohm & Voß, Hamburg, Brahmsallee 40.

Gall, Hermann, Fabrikbesitzer, Hamburg, Agnesstraße 28b.

Gerlach, Walter, Marine - Oberbaurat z. D., 40 Berlin SW 61, Wartenburgstr. 17.

Giljam, Job, Werftdirektor, Rotterdam, West Kruiskade 26a.

Goecke, Marine-Oberbaurat a. D., Erlangen, Neue Str. 36.

Goedkoop, Daniel, Werftdirektor, Amsterdam, Keizergracht 729.

Goedkoop, Heyme, Werftdirektor, Huize „de Vyf", Laren (N. H.) Holland.

Göbel, Ludwig, Ingenieur, Dampfschiffgesell- 45 schaft d. Vierwaldstätter Sees, Luzern, Blumenrain 11.

Greve, Carl, Werftdirektor, Altona, Flottbecker Chaussee 165.

Halldin, Gustaf, Marineingenieur, Karlskrona, Kungl. Flottans Varv.

Helling, Wilhelm, Mitinhaber d. Fa. Theodor Zeise, Altona-Ottensen, Friedensallee 7/9.

Hitzler, Theodor, Werftbesitzer, Groß-Flottbek, Bismarckstr. 18.

* Howaldt, Bernh., Direkt., Flensburg, Cläden- 50 straße 10.

Jespersen, Theodor, Ober - Ingenieur, Oslo, Karl Johannsgade 41.

Kahrs, Otto, Dipl.-Ing., Oslo, Raadhusgatan 1/3.

Kötter, Georg, Ingenieur, Hamburg-Amerika-Linie, Abtlg. Maschine, Hamburg-Kuhwärder.

Kraft de la Saulx, Ritter Friedrich, Ober-Ingenieur der Société Cockerill, Seraing, Belgien.

Kremer, Hermann, Schiffbau-Ingenieur, Schiffs- 55 werft Elmshorn.

Leux, Carl, Schiffbau-Direktor, Prokurist bei F. Schichau, Elbing.

Levati, Rinaldo, Schiffbau-Ingenieur, Pegli bei Genua, Via de Nicolay 10.

Lindberg, Elis, Marinebaumeister, Karlskrona, N. Kungsgatan 28a.

Ljungzell, Johan, Dozent der Techn. Hochschule, Stockholm, Malmshillnachsgatan 42.

Löfgren, Johan, Ingenieur, Karlskrona, Tegnér- 60 liden 7.

Lorentzen, Öivind, Dipl. - Ing., Oslo, Karl Johannsgade 1.

Lorenz - Meyer, Georg C. L., Ingenieur und Direktor, Hamburg, Kl. Fontenay 4.

Nawatzki, V., Vorsitzender des Aufsichtsrats des Bremer Vulkan, Eisenach, Liliengrund 6.

Nordström, Hugo Frederik, Dozent a. d. Königl. technischen Hochschule, Stockholm, Bråvallagatan 10—12.

Penning, Charles, Werftdirektor, Amsterdam, 65 Plantage Franschelaan 13a.

Pingel, Johannes, Marinebaurat, Rüstringen, Schulstr. 100.

Posse, Lage, Marinebaumeister, Karlskrona, Ronnebygatan 26.

Rinesi, Giovanni, Generaldirektor von G. Ansaldo & Co., Genua, via Garibaldi 2.
Rodiek, Otto, beratender Ingenieur, Kiel, Hafenstr. 9.
70 v. Roeszler, Ernst, Direktor d. ung. Fluß- u. Seeschiffahrt A.-G., Budapest VII, Damjanichgasse 36, 2. Hof Nr. 1.
Ruthof, Josef, Werftbesitzer, i. Fa. Christof Ruthof, Wiesbaden, Wilhelmstr. 17.

Sachsenberg, Georg, Kommerzienrat, Dessau, Albrechtstr. 126.
Salberg, Jan Hendrik Cornelis, Direktor d. Nederlandsche Maatschappy, Amsterdam, Noord.
Schalin, Hilding, Konsultierender Ingenieur, Gothenburg.
75 Schütte, Joh., Dr.-Ing. Geh. Regierungsrat u. Professor, Zeesen b. Königswusterhausen, Schütte-Lanz-Str.
Shigemitsu, Atsumu, Direktor der Teishinsho, Schiffbau-Versuchsanstalt, Mercantile Marinebureau, Ministry of Communication, Tokio, Japan.

Spetzler, Carl Ferd., Dipl.-Ing., Leiter d. Betriebswerkstätten d. Flottmannwerke, Cassel, Westendstr. 9.
Steinike, Karl, Baurat, Schiffbau-Direktor a. D., Darmstadt, Herdweg 89.

Topp, C., Baurat, Stralsund, Knieperdamm 4.

Wilton, B., Werftbesitzer, Rotterdam-West- 80 kousdyk.
Wilton, J. Henry, Werftdirektor, Rotterdam.
Wrobbel, Gustav, Dr. Ing. Vaihingen auf den Fildern (bei Stuttgart) Landhaus Silvana.

Zetzmann, Ernst, Schiffbau-Ingenieur, Wandsbek, Ernst-Albert-Str. 18.
Ziese, Rud. A., Ingenieur, Rittergut Tornow bei Bottschow i. d. Mark.
Zoelly - Veillon, H., Ingenieur, Vorstands- 85 mitglied und technischer Direktor bei Escher, Wyß & Cie., Zürich.

b) Ordnungsmäßige Fachmitglieder:

Abel, Paul, Ingenieur, Düsseldorf, Konkordiastr. 58.
Abel, Wilh., Schiffbau-Ingenieur, Professor an d. technischen Staatslehranstalten, Hamburg 22, Finkenau 26.
Achenbach, Alb., Dipl.-Ing., Betriebsdirekt. a. D., Gewerbestudienrat, Leipzig, Wächterstr. 13.
Achenbach, Friedrich W., Dr.-Ing., Berlin W 50, Culmbacher Str. 3.
90 Ackermann, Max, Oberingenieur, Hamburg 30, Husumer Str. 14.
Adolf, Einar, Schiff- u. Maschinenbau-Direktor, Kopenhagen, Orlogsvaerftet.
Ahlers, Ludwig, Schiffbau-Direktor und Vorstandsmitglied der Gebr. Sachsenberg A.-G., Roßlau a. E., Steutzer Str. 5/6.
Ahlers, Otto, Ober-Ingenieur, Köln, Lupusstraße 45.
Ahlrot, Georg, Schiff- und Maschinenbau-Direktor, Malmö, Kockums Mek. Verkstads A.B.
95 Ahnhudt, Obermarinebaurat, Schiffbaudirektor der Marinewerft, Wilhelmshaven, Adalbertstr. 6.
Ahsbahs, Otto, Marinebaurat, Groß-Flottbek, Voßstr. 5.
Albrecht, J., Dr.-Ing., Schiffsvermessungs-Inspektor, Hamburg 39, Gryphiusstr. 11.
Allardt, Julius, Marinebaurat, Hamburg, Carolinenstr. 6.
Alverdes, Max, Zivilingenieur, Inhaber des Eilenburger Motoren-Werkes, Hamburg-Uhlenhorst, Bassinstr. 8.
100 Ambronn, Victor, Dipl.-Ing., Obering. d. Bremer Vulkan, Vegesack, Weserstr. 71/72.
Ammann, Hermann, Maschinen-Oberingenieur, Hamburg 30, Gneisenaustr. 5.
Andresen, Heinrich, Schiffbau-Ingenieur, Kommanditär der Werft H. C. Stülcken Sohn, Hamburg 25, Oben-Borgfelde 3.
Apitzsch, Fritz, Dipl.-Ing., Altona, Arnkieler Str. 15,
Appel, Paul, Dipl.-Ing., Oberingenieur der Nordsee-Werke Emden, Schweckendickplatz 8.
105 Arera, Hans, Oberingenieur und Bevollm. der F. Caesar Wollheim, Schiffswerft u. Maschinenfabrik, Deutsch-Lissa b. Breslau, Marienstr. 12.

Arnold, Karl, Oberregierungsrat, Berlin-Steglitz, Arndtstr. 35.
Artus, Oberregierungsbaurat, Altona-Othmarschen, Beselerplatz 10.

Baath, Kurt, Dipl.-Ing., Oberingenieur und Prokurist d. Howaldtwerke, Kiel-Wellingdorf, Hansens Privatstraße 6.
Baetke, Friedrich, Schiffbau-Ingenieur, Direktor der Schiffswerft und Maschinenfabrik Theodor Hitzler, Hamburg 25, Oben-Borgfelde 25.
Baisch, Ludwig, Oberingenieur, Kiel, v. d. 110 Goltz-Allee 17.
Bandtke, Hugo, Dipl.-Ing., Schiffb.-Betriebsing. der Vulcan-Werke, Stettin, Kronenhofstr. 24.
Barg, G., Schiffbau-Direktor der Neptunwerft, Rostock i. M.
Bartel, Wilhelm, Ingenieur, Hamburg, Körnerstraße 18.
Barth, Hans, Dipl.-Ing., Abteilungsdirektor der Germania-Werft, Kiel, Feldstr. 140.
Bartsch, Hermann, Ingenieur, Patent- und 115 techn. Büro, Breslau 1, Junkernstr. 33/35.
Bauer, G., Dr.-Ing., Dr. phil., Maschinenbau-Direktor der Stettiner Maschinenb.-A.-G. Vulcan, Hamburg, Mittelweg 82.
Bauer, M. H., Direktor, Friedrichshagen b. Berlin, Hahns Mühle 7.
Bauer, O., Oberingenieur der Flensburger Schiffbau-Gesellschaft, Flensburg, Neustadt 36.
Bauer, V. J., Direktor der Flensburger Schiffbau-Gesellschaft, Flensburg, Neustadt 49.
Baumann, Karl, Schiffbau-Ingenieur, Leiter des 120 Berufsamtes der Stadt Altona, Altona - Othmarschen, Zietenstr. 10.
Bausch, Fritz, Dipl.-Ing., Schiffbau-Zivil-Ingenieur, Köln, Xantener Str. 13.
Becker, Richard, Maschinenbau-Direktor Deutsche Werke A.-G., Kiel, Werftstr. 132.
Becker, Max, Marinebaurat, Direktor der Helix-Maschinenbau G. m. b. H., Berlin-Lichterfelde-West, Stubenrauchstr. 6/7.
Beeck, Otto, Ing., Stettin, Mühlenstr. 12 III.
Behn, Theodor, Dipl.-Ing., Stettin, Moltke- 125 straße 20.

Behrmann, Georg, Oberingenieur, Kiel, Winterbeker Weg 32.

Benjamin, Ludwig, Zivil-Ingenieur, Hamburg 24, Ackermannstr. 32/34.

Berendt, Hermann, Dipl.-Ing., Oberingenieur bei Blohm & Voß, Hamburg 25, Claus Grothstr. 6.

Berling, G., Dr.-Ing., Geh. Marinebaurat, Cöln-Mülheim, Genovevastr. 94.

130 Berndt, Rechnungsrat, Groß-Lichterfelde, Augustastr. 39 II.

Berndt, Bruno, Ingenieur, Boldiann auf Föhr, Gelbes Haus.

Beschoren, K., Dipl.-Ing., Technischer Leiter der Schiffswerft Christof Ruthof, Regensburg, Von-der-Tann-Str. 20.

Betzhold, Dr.-Ing., Oberregierungsbaurat, Groß-Lichterfelde-West, Steglitzer Str. 19.

Biedermann, Dipl.-Ing., Direktor des Norddeutschen Lloyd, Bremen, Donandstraße 14.

135 Bielenberg, Theodor, Schiffbau-Ingenieur bei Fried. Krupp A.-G., Germaniawerft, Kiel, Knooperweg 48a.

Biese, Max, Besichtiger d. Germ. Lloyd, Bremerhaven, Bürgermeister-Smidt-Str. 114.

Birkner, Ernst, Dipl.-Ing., Köln-Riehl, Stammheimerstraße 125.

Blaum, Rudolf, Reg.-Baumeister a. D., Direktor der Atlas-Werke, A.-G., Bremen.

Blechschmidt, Oberregierungsbaurat, Potsdam, Heinrichstr. 26.

140 Bleicken, B., Dipl.-Ing. Oberingenieur, Hamburg-Fuhlsbüttel, Farnstr. 31.

Block, Hch., Zivil-Ingenieur, Hamburg 13, Magdalenenstr. 53.

Blohm, Eduard, Ingenieur, Hamburg, Werderstraße 29.

Blohm, M. C. H., Ingenieur, Hamburg, Isestraße 111.

Blümcke, Richard, Dr.-Ing., Direktor der Schiffs- und Maschinenbau-Akt.-Ges. Mannheim, Mannheim, Friedrichsring 16.

145 Blume, Herm., Betriebs-Oberingenieur, Dresden-Trachau, Cottbuser Str. 37.

Bocchi, Guido, Schiffbau-Ingenieur, Sestri Ponente, Via Ugo Foscolo 5.

Bockhacker, Eugen, Geheimer Oberbaurat, Berlin-Wilmersdorf, Hohenzollerndamm 201.

Boeckholt, H., Marinebaurat a. D., Bremen 13, Seewenjestr. 245.

Boettcher, Maximilian, Ingenieur, Hamburg 22, Am Markt 8.

150 vom Bögel, Wilhelm, Oberingenieur der Gutehoffnungshütte, Leiter d. Rheinwerft Walsum, Walsum-Niederrhein, Acherstr. 91.

Böhme, Herm., Direktor d. American Transportation and Trading Corporation, New York, Niederlassung Berlin, Berlin-Friedenau, Hauptstraße 70.

Bohnstedt, Max, Professor, Oberstudiendirektor der Staatlichen höheren Schiff- u. Maschinenbauschule zu Kiel, Knooper Weg 56.

v. Bohuszewicz, Oskar, Marinebaumeister a. D., Direktor u. Vorstandsmitglied der Düsseldorfer Maschinenb.-A.-G. vorm. J. Losenhausen, Düsseldorf, Kaiserswerther Str. 272.

Boie, Harry, Ingenieur, Hamburg 30, Wrangelstraße 10 I.

155 Böning, Otto, Schiffbau-Ingenieur, Bremen, Contrescarpe 166.

Borchers, Heinr., Oberingenieur, Elbing, Äußerer Mühlendamm 3.

Börnsen, Heinr., Schiffsmaschinenbau-Ingenieur, Hamburg, Nissenstr. 14.

Böttcher, Max, Schiffbau-Ingenieur, Hamburg 11, Steinbiß 3.

Boyens, Friedrich, Ingenieur, Elbing, Bismarckstraße 6 III.

160 Bramigk, Schiffbau-Ingenieur, Roßlau a. E.

Brandes, Marinebaurat, Wilhelmshaven, Wilhelmstr. 14.

Brandt, Paul, Dipl.-Ing., Königsberg i. Pr., Krugstr. 1.

Breitländer, Wilh., Schiffsmaschinenbau-Oberingenieur u. Prokurist der Akt.-Ges. Neptun, Rostock, Schröderstr. 39.

Brennhausen, Curt, Dipl.-Ing., Oberingenieur i. Normen-Ausschuß d. deutsch. Industrie, Berlin-Grunewald, Friedrichsruher Str. 32.

165 Brettschneider, P., Ingenieur, Bremen, Lobbendorfer Str. 9.

Breuer, C., Ingenieur, Hamburg-Kl.-Flottbek, Wilhelmstr. 8.

Brinkmann, G., Wirklicher Geheimer Oberbaurat, Berlin-Schöneberg, Wartburgstraße 19.

Brodersen, Wilhelm, Marinebaurat a. D., Betriebsdirektor der Fried. Krupp Germaniawerft, Kiel, Preetzer Chaussee 20.

Broistedt, G., Obering., Wismar, Am Torney 11.

170 Bröking, Fritz, Marinebaurat a. D., Kiel, Klopstockstr. 5.

Brose, Walter, Ingenieur, Leiter d. Konstruktionsbureaus f. Ölmasch., Vulcan-Werke, Hamburg, Ericastr. 97.

Bross, Walter, Dipl.-Ing., Obering. d. Thyssen & Co. Masch.-Fabr. Mülheim, Ruhr, Mellinghoferstr. 70.

Bruckwilder, Wilh., Dipl.-Ing., Vorstand des Zweigbüro Köln der Elektrotechnischen Fabrik Rheydt, Max Schorch & Co. A.-G., Köln a. Rh., Titusstr. 26.

Bruns, Heinrich, Konsul, Zivilingenieur, Kiel, Strandweg 84.

175 Bub, H., Schiffbau-Ingenieur, Bremer Vulkan, Vegesack, Hafenstr. 9.

Buchsbaum, Georg, Schiffbau-Oberingenieur u. Prokurist des Germ. Lloyd, Berlin-Friedenau, Goßlerstr. 11.

Burckhardt, Marinebaurat, Wilhelmshaven, Prinz-Heinrich-Str. 47.

Bürkner, H., Dr.-Ing., Geheimer Oberbaurat, Gr.-Lichterfelde-Ost, Mittelstr. 1.

v. Burstin, Oberingenieur, Königsberg i. Pr., Henschestr. 14.

180 Busch, H. E., Ingenieur, Hamburg 36, Dammtorhaus, Dammtorstr.

Buschberg, E., Geheimer Baurat u. vortragender Rat i. d. Marineleitung, Berlin-Schöneberg, Martin-Luther-Str. 58.

Büscher, Hans, Schiffbau-Oberingenieur, Geestemünde, Mittelstr. 19.

Buse, Dietrich, Dipl.-Ing. beim Bremer Vulkan, Vegesack, Weserstr. 43.

Büsing, R., Maschinenbau-Direktor der Stettiner Oder-Werke A.-G., Stettin, Gießereistr. 17.

185 Buttermann, Ingenieur, Direktor d. German. Lloyd, Berlin-Grunewald, Hohenzollerndamm 111.

Büttgen, Dipl.-Ing., Schiffbau-Oberingenieur, Fried. Krupp A.-G., Germaniawerft, Kiel-Gaarden, Hohenzollernring 61.

Buttmann, Marinebaurat, Bremen, Schubertstraße 42.

Cantieny, Georg, Dipl.-Ing., Direktor der Kohlenscheidungsges. m. b. H., Berlin NW 7, Friedrichstr. 100.

Claussen, Carl, Ingenieur, Bremen, Stolberger Straße 19.

190 Cleppin, Max, Marinebaurat a. D., Oberlehrer u. Professor an den Technischen Staatslehranstalten in Hamburg.

Collin, Max, Marine-Oberbaurat, Danzig-Langfuhr, Hermannshofer Weg 16.

Commentz, Carl, Dr.-Ing., Schiffbau-Ingenieur, Hamburg 8, Gröninger Str. 1.

Conradi, Carl, Marineingenieur, Oslo, Prinsens Gade 2b.

Cordes, Gottfried, Ingenieur, Siems bei Lübeck, Trave-Werft.

195 Cordes, Tönjes, Oberingenieur, i. Fa. Stülcken & Sohn, Hamburg-Steinwärder.

Cossutta, Ferruccio, Ingenieur, Triest, Stabilimento Tecnico Triestino.

Coulmann, Wilhelm, Marinebaurat, Hamburg, Wandsbecker Chaussee 76.

Croseck, Heinrich, Dipl.-Ing., Kiel, Düppelstr. 91.

Dahl, Johannes, Ingenieur, Groß-Flottbek, Klaus-Groth-Str. 8.

200 Dahlby, Gustav, Schiffsmaschinenbau-Ingenieur, Bergsunds Verkstad, Stockholm.

Dammann, Friedrich, Schiffbauingenieur, Hamburg-Langenhorn, Langenhorner Chaussee 197.

Dannenbaum, Adolf, Dipl.-Ing., i. Fa. Blohm & Voß, Hamburg 19, Eichenstr. 54.

Degn, Paul Frederik, Dipl.-Ing., Direktor der Howaldtswerke, Neumühlen-Dietrichsdorf, Catharinenstr. 3.

Deichmann, Karl, Ingenieur, Hamburg, Kleiner Schäferkamp 28 II.

205 Delfs, Otto, Schiffbau-Oberingenieur, Tönning, Neustr. 18.

Demai, Anton, Direktor des Stabilimento Tecnico Triestino, Triest, Lazzaretto vecchio 38.

Demnitz, Gustav, Dipl.-Ing., Berlin-Karlshorst, Prinz-Adalbert-Str. 36.

Dengel, Roderich, Marinebaurat a. D., Kiel, Feldstr. 148.

Dentler, Heinr., Ober-Ingenieur d. Atlas-Werke A.-G., Zweigbureau Stettin, Augustastr. 10.

210 Deters, K., Direktor, i. Fa. H. Stinnes, Hamburg, Hamburger Hof.

Dieckhoff, Hans, Prof., Vorstandsmitglied der Woermann-Linie u. der deutschen Ost-Afrika-Linie, Hamburg, Gr. Reichenstr. 27.

Dietrich, A., Schiffbaudirektor, Wilhelmshaven, Parkstr. 27.

Dietze, E., Schiffbau-Ingenieur, Blumenthal (Hannover), Schloß Wätgen.

Dittmer, Georg, Oberingenieur u. Maschinen-Inspektor, Hamburg, Borsteler Chaussee 184.

215 Dix, Joh., Geheimer Baurat u. Ministerialrat, Berlin-Wilmersdorf, Bregenzer Straße 6.

Dohr, Matth., Dipl.-Ing., Baurat, Leiter des Hamburger Staatsbaggereiwesens, Hamburg 37, Isestr. 47.

von Dojmi, Hans, Ober-Ingenieur, Bremen, Am Wall 143/144.

Domke, R., Ober-Marinebaurat, Wilhelmshaven, Hollmannstr. 13.

Donau, Zivil-Ing., Bremen, Rosenkranz 35.

220 Dörr, W. E., Dipl.-Ing., Ueberlingen, Bahnhofstraße 29.

v. Dorsten, Wilhelm, Ober-Ing., Schiffs- und Maschinen-Inspektor des Germanischen Lloyd, Mannheim-Freudenheim, Schützenstr. 24.

Drakenberg, Jean, Konsultierender Ingenieur, Stockholm, Krarabergsgatan 21.

Dressel, Carl, Dr. phil., Dipl.-Ing. des Schiffbaufaches, Pankow, Hartwigstr. 110.

Dreyer, E. Max, Zivilingenieur für Schiff- und Maschinenbau, Hamburg, Steinhöft 3.

225 Dreyer, Fr., Schiffbau-Oberingenieur, Hamburg, Petkumstr. 19.

Dreyer, Karl, Elektroingenieur der Firma F. Schichau, Elbing, Arndtstr. 3.

van Driel, Abraham, Schiffbau-Ingenieur der staatlichen niederländischen Schiffahrts-Inspektion, Voorburg beim Haag, Rusthoflaan 24.

Driessen, Paul, Schiffbau-Ingenieur, Rotterdam, Postbus 809.

Dröseler, Regierungsbaurat, Berlin SW 11, Hallesche Str. 19.

230 Dyckhoff, Otto, Dipl.-Ing., Vorstand der Hansa-Lloyd-Werke A.-G., Bremen, Bismarckstr. 80.

Eckolt, Wilh., Marinebaurat, Danzig, Danziger Werft.

Eggers, Julius, Dr.-Ing., Sachverständiger für Schiff- u. Schiffsmaschinenbau, Hamburg 1., Glockengießerwall 2.

Eggert, Wilhelm, Direktor der Schiffswerft Unterelbe A.-G., Glückstadt (Holst.), Moltkestraße 23.

Ehrenberg, Ober-Marinebaurat, Berlin-Dahlem, Wunderstr. 24.

235 Ehrlich, Alexander, Schiffbau-Ingenieur, Stettin-Grabow, Gustav-Adolf-Str. 11.

Eichholz, Ernst, Ingenieur der Firma Rheinhaflag, Köln-Deutz, Gotenring 2 I.

Eichhorn, Osc., Geh. Marinebaurat, Danzig, Gralathstr. 3.

v. Eidlitz, Cornél, Dipl.-Ing., Chef der techn. Abt. d. „Adria", S. A. di Navigazione Marittima, Fiume.

Eigendorff, G., Schiffbau-Ingenieur und Besichtiger des Germanischen Lloyd, Brake i. Oldenburg.

240 Elste, R., Schiffbau-Ingenieur, Hamburg 19, Bismarckstr. 1.

Elze, Theodor, Schiffbau-Ingenieur, i. Fa. Irmer & Elze, Bad Oeynhausen.

Engberding, Dietrich, Marinebaurat, Berlin-Schöneberg, Grunewaldstr. 59.

Engehausen, W., Betriebs-Ingenieur, Bremen, Lutherstr. 55.

Engström, Wilh., Maschinenbau-Betriebsingenieur der Göta-Werke, Gothenburg, Linnagatan 52.

245 Erbach, R., Dr.-Ing., Betriebs-Direktor der Deutschen Werke A.-G., Werft, Kiel, Königsweg 4.

Erdmann, Paul, Ing., Maschinenbesichtiger d. Germanischen Lloyd, Rostock, Friedrichstr. 7.

Erhardt, Julius, Dipl.-Ing., Direktor d. Fa. Gans & Co., Danubius A. G., Budapest X, Köbányai utca 31.

von Essen, W. W., Ingenieur beim German. Lloyd, Hamburg-Groß-Flottbek, Fritz-Reuter-straße 9.

Esser, Matthias, Direktor des Bremer Vulkan, Vegesack, Weserstr. 77a.

250 Evers, F., Schiffbaudirektor bei Nüske & Co., Stettin, Königsplatz 14.

Falbe, E., Dipl.-Ing., Direktor der Woermann-Linie, Hamburg, Große Reichenstr. 27.

Falkmann, Ivar Johan, Marine-Oberbaurat, Stockholm, Bauérgatan 10.

Fechter, Georg, Zivilingenieur, Königsberg i. Pr., Kaiserstr. 21.

Fechter, Erich, Dipl.-Ing., Stellvertretender Direktor der Union-Gießerei, Königsberg i. Pr., Arndstr. 4.

255 Feilcke, Fritz, Dipl.-Ing., Stellvertretender Direktor der Vulcanwerke, Hamburg 38, Moltkestr. 47.

Ferdinand, Ludwig, Dipl.-Ing., Oberinspektor d. Fa. Ganz & Co., Danubius A. G., Budapest, V., Vaci ut 204.

Fesenfeld, Wilh., Studienrat und Dipl.-Ing., Bremerhaven, Bürgermeister-Smidt-Str. 75.

Fichtner, Rudolf, Dipl.-Ing., Berlin NW 52, Lüneburger Str. 9.

Fimmen, Hermann, Zivilingenieur, Memel, Roßgartenstr. 10 I.

260 Fischer, Ernst, Schiffbau-Oberingenieur, Chef des Kriegsschiffbaubüros der Fried. Krupp A.-G. Germaniawerft, Kiel, Düsternbrook 56.

Fischer, Karl, Dipl.-Ing., Schiffsmaschinenbau-Oberingenieur, Danziger Werft, Danzig.

Fischer, Rudolf, Dipl.-Ing., Major d. kgl. ungar. Honved-Ingenieurstabes, Berlin W 50, Nürnberger Str. 44.

Fischer, Willi, Ingenieur, Altona a. d. Elbe, Philosophenweg 25.

Flamm, Osw., Dr.-Ing., Geheimer Regierungsrat, Professor an der Techn. Hochschule, Nikolassee b. Berlin, Sudetenstr. 47.

265 Flettner, Anton, Direktor, Berlin W. 50, Neue Bayreuther Str. 7.

Fliege, Gust., Direktor, Bergedorf, Moltkestr. 5.

Flood, H. C., Ingenieur und Direktor der Bergens Mechaniske Verkstad, Bergen (Norwegen).

Fock, John, Oberingenieur und Direktor der Reiherstiegwerft, Abtlg. Heinrich Brandenburg, Hamburg 9.

Foerster, Ernst, Dr.-Ing., Hamburg, Alsterdamm 25.

270 Forthmann, Willy, Ingenieur, Hamburg, Martinistr. 19.

Föttinger, Hermann, Dr.-Ing., Professor, Berlin-Wilmersdorf, Berliner Str. 65.

Frankenberg, Ad., Oberregierungsbaurat a. D., Nürnberg, Sybelstr. 1.

Frankenstein, Georg, Schiffbau-Ingenieur, Stettin, Pölitzer Str. 80.

Fregin, Fritz, Dipl.-Ing., Prokurist d. Vulcan-Werke, Stettin, Mühlenstr. 9.

275 Freundlich, Erich, Dipl.-Ing., Düsseldorf-Oberkassel, Sonderburger Str. 24.

Friederichs, K., Geheimer Rechnungsrat, Neu-Finkenkrug, Kaiser-Wilhelm-Str. 49.

Fritz, Walter, Direktor d. E. Wilke A.-G. Holzbearbeitungsmasch. u. Werkzeug-Fabrik, Charlottenburg, Savignyplatz 6.

Frohnert, Adolf, Oberingenieur, Hamburg 23, Ritterstr. 38.

Fromm, Rudolf, Ober-Regierungsbaurat, Berlin-Zehlendorf, Irmgardstr. 35.

280 Fromm, Walter, Ingenieur, Hamburg, Glockengießer-Wall 2 (Wallhof).

Früchtenicht, O., Schiffbau-Ingenieur, Hamburg 19, Tornquiststr. 46.

Früstück, Paul, Ingenieur u. Betriebsleiter, Wandsbek bei Hamburg, Lindenstr. 32.

Gaede, Heinrich, Schiffbau-Ingenieur, Duisburg, Neue Marktstr. 4.

Gamst, A., Fabrikbesitzer, Kiel, Metze Str. 12.

285 Garvens, Walter, Dipl.-Ing., Altona-Othmarschen, Pastorat.

Garweg, Arthur, Dipl.-Ing., Hamburg 19, Bismarckstr. 31.

Gebauer, Alex., Schiffsmaschinenbau-Ingenieur, Werft von F. Schichau, Elbing, Am Lustgarten 14.

Gebers, Fr., Dr.-Ing., Direktor der Schiffbautechnischen Versuchsanstalt, Wien XX, Brigittenauer Lände 256.

Gehlhaar, Franz, Oberregierungsrat, Mitglied d. Schiffs-Vermessungs-Amtes, Berlin-Lichterfelde, Steinäckerstr. 10.

290 Geißler, Richard, Dr.-Ing., Patentanwalt, Berlin SW 11, Königgrätzer Str. 92.

Gemberg, Walter, Dipl.-Ing., Rotterdam, Hugo-Molenaarstr. 43 a (Heimat: Kiel, Königsweg 38).

Gerlach, Ferdinand, Ingenieur, Hamburg 30, Hoheluft-Chaussee 39, p. Ad. August Hecker.

Gerloff, Friedrich, Schiffbau-Direktor der G. Seebeck A. G., Geestemünde, Bismarckstr. 22.

Gerner, Fr., Betriebs-Ober-Ingenieur der Fried. Krupp A.-G., Germaniawerft, Kiel, Hassee, Poststr. 45.

295 Gerisch, Arthur, Betriebsingenieur bei Blohm & Voß, Hamburg-Kl.-Borstel, Wellingbütteler Landstr. 22.

Gerosa, Victor, Dipl.-Ing. u. Oberingenieur bei J. u. A. van der Schuyt, Rotterdam, Papendrecht B. 138.

Giebeler, H., Schiffbau-Ingen., Kiel-Gaarden, Werftstr. 125.

Giese, Alfred, Dipl.-Ing., Hamburg 22, Finkenau 6.

Giese, Ernst, Geheimer und Ober-Regierungsrat, Stettin, Birkenallee 34.

300 Gnutzmann, J., Schiffbau-Direktor, Danzig, Schichau-Werft.

Goebel, Ernst, Dipl.-Ing., Stettin, Bismarckstr. 5.

Goos, Emil, Chef des Maschinenwesens der Hamburg-Amerika-Linie, Hamburg, Isestraße 111.

Gorgel, Alfred, Dipl.-Ing., Mannheim, Dalbergstraße 3.

Grabow, C., Geheimer Marinebaurat, Rittergutsbesitzer, Rittergut Rarvin bei Görke, Kreis Cammin, Pommern.

305 Grabowski, E., Schiffbau-Ingenieur, Professor, Bremen, Friedrich-Wilhelm-Str. 35.

Graemer, L., Direktor und Vorstandsmitglied der Schiffswerft Nüscke & Co., A.-G., Stettin, Karkutschstr. 1.

Graf, August, Ingenieur, Hamburg 13, Rutschbahn 27.

Grambow, Adolf, Ingenieur, Schiffs- und Maschinenbesichtiger d. Germ. Lloyd, Vaterstetten bei München, Luitpoldring 56.

Grauert, M., Geheimer Oberbaurat, Berlin-Steglitz, Humboldtstr. 14.

310 Green, Rudolf, Fabrikdirektor, Leisnig i. S., Schloßstr. 9.

Grimm, Anton, Schiffsmaschinenbau-Ingenieur, Brandenburg a. H., Krakauer Landstr. 30.

Grimm, Max, Dipl.-Ing., Regierungsrat im Reichswehrministerium, Marineleitung, Charlottenburg 9, Eichenallee 33.

Gromoll, Johannes, Betriebsdirektor d. Norddeutschen Union-Werke, Tönning, Am Hafen 36.

Gronwald, Paul, Schiffbau-Ingenieur, Hamburg 24, Mühlendamm 30.

315 Grosset, Paul, Ingenieur, Inhaber der Werk-
zeug-Masch.-Fabr. Grosset & Co., Altona-Elbe,
Turnstr. 42.
Groth, W., Ingenieur der Siemens-Schuckert-
werke, Hamburg 21, Petkumstr. 3.
Grotrian, H., Schiffbau-Ingenieur, Professor
an den Techn. Staatslehranstalten zu Hamburg,
Hamburg-Ohlsdorf, Fuhlsbütteler Str. 589.
Grundt, Erich, Geheimer Baurat, Berlin W 30,
Maaßenstr. 17.
Grunert, Kurt, Schiffbau-Ingenieur, Wilhelms-
haven, Königstr. 88.
320 Gummelt, Carl H., Schiffbau-Ingenieur, Weser-
münde-Geestemünde, Schillerstr. 26.
Gundlach, Emil, Techn. Direktor der Schiffs-
werft u. Maschinenfabrik vorm. Janssen &
Schmilinsky A.-G., Hamburg, Eimsbütteler
Straße 51.
Gunning, Maximilian, Ingenieur der Marine,
s'Gravenhage, Willemstraat 91.
Günther, Friedr., Ing., Bremen, Geestemünder
Straße 4.
Gütschow, Wilhelm, Dr.-Ing. Germanischer
Lloyd, Berlin W. 30, Barbarossastr. 16.

325 Haack, Otto, Schiffbau-Ingenieur, Inspektor
des Germanischen Lloyd, Stettin, Bollwerk 1.
Habermann, Egon, Technischer Direktor der
Hessischen Automobilges. A.-G., Darmstadt,
Eichbergstr. 16.
Haensgen, Oscar, Maschinenbau-Oberingenieur
u. Prokurist der Flensburger Schiffbau-Ges.,
Flensburg, Marienholzweg 17.
Haertel, Siegfried, Schiffbau-Dipl.-Ing., Berlin,
Charlottenburg, Schaumburg-Allee 10.
Haesloop, Reinhard, Schiffbau-Ingenieur, Bre-
men, A.-G. „Weser", Blumenthal i. H.,
Kaffeestr. 12.
330 Hagemann, H. Paul, Schiffbau-Ingenieur und
Betriebsleiter der Deutschen Werke, Kiel.
Hahn, Paul L., Zivil-Ingenieur, Sachver-
ständiger für Schiffsmaschinen- und Kessel-
bau, Cassel-Wilhelmshöhe, Wilhelmshöher
Allee 271.
Haimann, G., Dr.-Ing., Spandau, Zeppelin-
straße 46 II.
Hammar, Hugo G., Schiffbau-Oberingenieur,
Göteborgs Nya Verkstad A. B., Göteborg.
Hammer, Erwin, Ingenieur, Berlin-Tegel,
Schlieperstr. 8.
335 Hammer, Felix, Dipl.-Ing., Rendsburg, Herren-
straße 19.
Hantelmann, Kurt, Dipl.-Ing., Studienrat
an der Seemaschinisten- u. Schiffsingenieur-
schule, Flensburg, Stuhrs-Allee.
Häpke, Gustav, Dipl.-Ing., Regierungsrat beim
Reichsausschuß f. d. Wiederaufbau d. Handels-
flotte, Berlin W 30, Luitpoldstraße 38.
Hardebeck, Walter, Marinebaurat, Lockstedt
bei Hamburg, Werderstr. 23.
Hartmann, C., Baudirektor, Vorstand des Auf-
sichtsamtes für Dampfkessel- und Maschinen,
Hamburg, Juratenweg 4.
340 Has, Marinebaurat, Rüstringen i. O., Birken-
weg 14.
Hass, Hans, Dipl.-Ing., Dozent und Professor,
Bergedorf, Hohler Weg 28.
Hechtel, H., Direktor der Schiffswerft Gebr.
Sachsenberg A.-G., Köln-Deutz.
Hector, D. C., Oberingenieur der Finnboda Varf,
Stockholm.

Hedemann, Wilh., Dipl.-Ing., Schiffsmaschinen-
bau-Ing., Bremen, Isarstr. 86.
Hedén, A. Ernst, Schiffbau-Direktor, Göteborg, 345
Mek. Verkstad.
Heidtmann, H., Schiffbau-Ingenieur, Hamburg 21, Hofweg 64.
Hein, Hermann, Dipl.-Ing., stellvertr. Direktor
der A.-G. Weser, Bremen-Oslebshausen, Oslebs-
hauser Heerstr. 16.
Hein, Paul, Ingenieur, Hamburg, Bismarckstr. 80.
Hein, Th., Geh. Rechnungsrat, Ministerialamt-
mann, Charlottenburg, Kantstr. 68 I.
Heinemann, Richard, Zivilingenieur, Blanke- 350
nese, Witts-Allee 7.
Heinemann, Rudolf, Dipl.-Ing., Oberingenieur
u. Prokurist der Schiffs- u. Maschinenfabrik
(vorm. Janssen & Schmilinsky) A.-G., Ham-
burg, Isestr. 50.
Heinen, Joh., Ingenieur und Fabrikbesitzer,
Lichtenberg bei Berlin, Herzbergstr. 24/25.
Heise, Wilh., Oberingenieur u. Bürochef der
A. G. „Weser", Bremen, Lübecker Str. 32.
Heitmann, Johs., Schiffbau-Ingenieur, Ham-
burg-St. Georg, Langereihe 112.
Heitmann, Ludwig, Ober-Ingenieur, Ham- 355
burg 19, Am Weiher 23.
Heldt, Adolf, Marinebaurat, Kiel, Esmarch-
straße 53 I.
Hellemans, Thomas Nikolaus, Schiffbau-Inge-
nieur, Muntok auf Banka (Niederl. Indien).
Helmig, G., Schiffbau-Ingenieur, Friedrichshagen
b. Berlin, Kirchstr. 3.
Helsig, Dipl.-Ing., Oberingenieur der Germania-
werft, Kiel, Düsternbrook 126.
Hemmann, A., Regierungsbaurat, Hamburg- 360
Hochkamp, Schanzenstr. 30.
Hennig, Albert, Dipl.-Ing., Kiel, Düvelsbeker
Weg 29.
Henning, Johannes, Schiffbau-Ingenieur, Wal-
sum, Rhld.
Hering, Geh. Konstr.-Sekretär, Berlin-Zehlen-
dorf, Hauptstr. 60/62.
Hermanuz, Alfred, Dipl.-Ing., Cassel-Wilhelms-
höhe, Kaiser Friedrichstr. 47.
Herner, Heinrich, Dr. phil., Dipl.-Ing., Professor 365
an der höheren Schiff- und Maschinenbauschule,
Kiel, Sophienblatt 66.
Herrmann, Walter, Dipl.-Ing., Oberursel a.
Taunus, Taunusstr. 34.
Hey, Erich, Marinebaurat, Berlin W., Fasanen-
straße 58.
Heydemann, Rudolf, Dipl.-Ing., Stettin, Fried-
rich-Carl-Str. 43.
Hildebrandt, Hermann, Schiffbau-Direktor
der G. Seebeck A.-G., Bremen, Großgörschen-
straße. 14.
Hildebrandt, Max, Schiffsmaschinenbau-Ober- 370
ingenieur, Stettin, Pölitzer Str. 96.
Hilgendorff, Erich, Schiffbau-Oberingenieur,
Wilhelmshaven-Rüstringen, Gökerstr. 69.
Hillebrand, Friedrich, Dipl.-Ing., Geestemünde,
Ludwigstr. 8.
Hillmann, Bernhard, Schiffbaubetriebs-Ober-
ingenieur, Bremerhaven, Bürgermeister-Smid-
Str. 27, Joh. C. Tecklenberg A.-G.
Hinrichsen, Erich, Schiffbau-Ingenieur, Ham-
burg 9, Schilfstr. 25.
Hinrichsen, Henning, Schiffsmaschinenbau- 375
Ingenieur, Werft von F. Schichau, Elbing.
Hirsch, Alfred, Direktor der Maschinenfabrik
u. Schiffswerft Übigau A. G., Dresden-Übigau.

Hoch, Johannes, Direktor der Ottenser Maschinenfabrik, Altona-Ottensen, Friedensallee 42.
Hochstein, Ludwig, Oberingenieur, Wandsbek
b. Hamburg, Waldstr. 7.
Hoefer, Kurt, Dr.-Ing., Oberingenieur u. Prokurist d. Germanischen Lloyd, Berlin-Schmar-
gendorf, Spandauer Str. 31.
380 Hoefs, Fritz, Maschinenbau-Direktor bei G. See-
beck, A.-G., Bremerhaven, Am Deich 27.
Hölzermann, Fr., Geheimer Marinebaurat a. D.,
Potsdam, Roonstr. 7.
Hoffmann, Carl, Direktor, Lübeck, Jürgen
Wullenweberstr. 24.
Hoffmann, W., Betriebsingenieur der Werft
von Blohm & Voß, Hamburg-Eimsbüttel,
Marktplatz 4.
Hohn, Theodor, Oberingenieur der Tugchi-Hoch-
schule, Woosum bei Shanghai, China.
385 Holle, Rud., Schiffbau-Ingenieur, Mannheim,
Eichelsheimerstr. 20.
Hollitscher, Wilhelm, Ingenieur, Zentral-
inspektor d. I. Donau-Dampfschiffahrt-Ges.,
Wien III, Arenbergring 15.
Holthusen, Wilhelm, Ziv.-Ing. für das Schiffs- u.
Maschinenbauwesen, Besichtiger d. Germ. Lloyd,
Abtlg. Unterelbe, Hamburg, Hirtenstraße 12.
Holzhausen, Kurt, Dipl.-Ing., Berlin NW 6,
Luisenplatz 2—4, Linke-Hofmann Lauch-
hammer A.-G., Abtlg. Eisenbau.
Hoppenberg, Ernst, Ingenieur d. Felten &
Guilleaume-Carlswerkes A. G., Cöln-Mül-
heim, Kielerstr. 31.
390 Horn, Fritz, Dr.-Ing., Professor, Oberingenieur
d. Deutschen Werft, Hamburg, Güntherstr. 45.
Hornbeck, Albert, Ingenieur, Alt-Rahlstedt,
Liliencronstr. 17.
Hosemann, Paul, Dipl.-Ing., Elbing, Westpr.,
Bismarckstr. 5.
Howaldt, Gerhard, Schiffbau-Ingenieur, Stral-
sund, Schiffswerft von Georg Schuldt, Werft-
straße 7a.
Howaldt, Georg, Ingenieur, Hamburg I., Möncke-
bergstr. 7 II.
395 Hoyer, Niels, Schiffbau-Ingenieur, Linz, Donau,
Schubertstr. 21
Hüllmann, H., Dr.-Ing., Professor, Geh. Ober-
baurat, Berlin W 15, Württembergische Str. 31
bis 32 II.
Hundt, Paul, Maschinenbau-Ingenieur b. Joh.
C. Tecklenborg A.-G., Geestemünde, Georgstr. 54.
Hutzfeldt, M., Kaufmann, Hamburg 36, Johns-
allee 24.

Ibsen, Julius, Dipl.-Ing., Neumühlen-Dietrichsdorf (Holstein), Augustenstr. 10.
400 Icheln, Karl, Schiffbau-Ingenieur, Hamburg 19,
Oevelgönner Str. 32.
Ilgenstein, Ernst, Oberregierungsbaurat, Charlottenburg, Knesebeckstr. 2.
Immich, Werner, Dr.-Ing. Marinebaurat, Kiel,
Düppelstr. 67.
Isakson, Albert, Schiffbau-Oberingenieur, Inspektor des Brit. Lloyd, Stockholm, Bred-
gränd 2.

Jaborg, Georg, Marine-Oberbaurat, Wilhelms-
haven, Wilhelmstr. 7.
405 Jacob, Carl, Dipl.-Ing., Betriebs-Ingenieur bei
Blohm & Voß, Hamburg 24, Birkenau 4.
Jacob, Oskar, Oberingenieur, Stettin, Grünstr. 6.
Jacobsen, J., Ingenieur, Bergedorf b. Hamburg,
Möörkenweg 22.

Jahn, Gottlieb, Dipl.-Ing., Kiel, Niemannsweg 30.
Jahn, Joh., Dr., Oberreg.-Rat, Bremen, Tech-
nische Staatslehranstalten.
Janssen, Diedr., Oberingenieur, Bremerhaven, 410
Bogenstr. 11.
Jappe, Fr., Betriebs-Ingenieur, Hamburg 30,
Hoheluftchaussee 31.
Johannsen, F., Schiffbau-Ingenieur, Kiel-Wel-
lingdorf, Wehdenweg 20.
Johannsen, Max Friedr., Ingenieur u. ver-
eidigter Sachverständiger, Kiel, Eisenbahn-
damm 12.
Johannsen, P. C. W., Technischer Direktor d.
Baltica-Werft, Kopenhagen, Trekronérgade 29.
Johns, H. E., Ingenieur, Hamburg, Baum- 415
wall 3.
de Jong, Jan, Schiffbau-Ing., A.-G. „Weser“,
Bremen, Wernigeroder Str. 1.
Jordan, Desiderius, ungar. Eisenbahn- u. Schiff-
fahrts-Inspektor, Leiter der Schiffahrts-Sektion
der ungar. General-Inspektion für Eisenb. u.
Schiffahrt, Budapest II, Föutca 59.
Jourdan, Johannes, Ingenieur der Hamburg-
Amerika-Linie, Hamburg 19, Moltkestr. 47.
Judaschke, Franz, Zivil-Ingenieur, Hamburg 39,
Sierichstr. 170.
Jülicher, Ad., Schiffbau-Ingenieur und In- 420
spektor des Germ. Lloyd, Bremen, Rutenstr. 29.
Just, Curt, Marinebaurat, Wilhelmshaven, Hegel-
straße 62.
Justus, Ph. Thr., Ingenieur und Direktor der
Atlas-Werke A.-G., Bremen

Kaerger, Alfred, Ingenieur, Groß-Flottbek bei
Hamburg, Lüdemannstr. 12.
Kalderach, J. F. A., Oberingenieur, Direktor
d. Schiffs-Lebensversicherungs-A.-G., Ham-
burg 37, Eppendorfer Baum 9.
Kampffmeyer, Th., Dipl.-Ing., Marinebaurat, 425
Schiffbaudirektor, Danzig, Rennerstiftsgasse 5.
Kappel, Henry, Oberingenieur, Cassel-Wilhelms-
höhe, Landgraf-Karl-Str. 27.
Karstens, Paul, Ober-Ingenieur, Altona, Fried-
hofstr. 15.
Kasten, Max, Schiffbau-Ingenieur, Hamburg-
Langenhorn, Heinfelderstr. 18.
Kästner, Arthur, Schiffsmaschinen-Konstrukteur,
Lindenauwerft, Memel.
Katzinger, Otto, Zivilingenieur für Schiffbau 430
und Maschinenbau, Technischer Anwalt, Wien I,
Habsburgergasse 1.
Katzschke, William, Baurat, Betriebsdirektor d.
Deutschen Werke, A.-G., Berlin-Wilmersdorf 1,
Westphälische Str. 90.
Kaye, Georg, Regierungsrat a. D., Junker-Luft-
verkehr A.-G., Dessau-Ziebigk.
Keiller, James, Oberingenieur, Kabinettskammer-
herr S. M. d. Königs von Schweden, Göteborg,
Kungsportsavenyen 4.
Kell, W., Schiffsmaschinenbau-Ingenieur, Stettin,
Steinstr. 3.
Kelling, Erich, Dipl.-Ing., Hamburg 5, Lübecker 435
Tor 24.
Kellner, Arno, Dipl.-Ing., Hamburg 13, Bogen-
straße 4.
Kempf, Günther, Dr.-Ing., Hamburg 33, Schlicks-
weg 21.
Kern, Wilhelm, Ingenieur, Stuttgart-Feuerbach,
Mozartstr. 12.
Kertscher, Rudolf, Marinebaurat a. D., Direktor
d. Gesellschaft für Teerverwertung, Duisburg-
Meiderich, Bahnhofstr. 101.

440 Keuffel, Aug., Direktor der Act.-Ges. „Weser", Bremen, Schwachhauser Heerstr. 69.

Kienappel, Karl, Betriebs-Ingenieur, Elbing, Schiffbauplatz 1.

Kiene, Robert, Schiffbau-Dipl.-Ing., Stettin, Kronenhofstr. 11.

Kiep, Nicolaus, Dipl.-Ing., Schiffsmaschinenbau-Ingenieur b. d. Firma C. Illies & Co., Hamburg, Mönckebergstr. 8.

Kiepke, Ernst, Maschinen-Ingenieur, Stettin-Bredow, „Vulcan".

445 Killat, Marine-Oberingenieur, Berlin-Wilmersdorf, Laubacher Straße 37.

Kirberg, Friedrich, Ingenieur, Ministerial-Amtmann, Berlin-Steglitz, Ringstr. 57 I.

Klagemann, Johannes, Maschinenbaudirektor, Wilmersdorf, Hohenzollerndamm 197.

Klatte, Johs., Werftbesitzer i. Fa. J. H. N. Wichhorst, Hamburg, Leinpfad 60.

Klaus, Heinrich, Schiffbau-Ing., Berlin NW 6, Schumannstr. 2.

450 Klawitter, Fritz, Ingenieur u. Werftbesitzer, Danzig, i. Fa. J. W. Klawitter, Danzig.

Kleen, J., Oberingenieur, Hamburg, Pappelallee 46 I.

Klein, Marcel, Dr.-Ing., Privatdozent, Wien VII, Neubaugasse 11.

Klemann, Friedrich, Dr.-Ing., Marinebaurat a. D., Berlin-Wilmersdorf, Kaiserplatz 1.

Klewitz, Max, Ingenieur, Gebr. Sachsenberg A.-G., Roßlau a. E., Steutzerstr. 5—6.

455 Kliemchen, Franz, Dipl.-Ing., Oberingenieur der Dampfschiffahrtsgesellschaft „Neptun", Bremen, Häfen 60/63.

von Klitzing, Philipp, Zivilingenieur, Hamburg, An der Alster 8.

Klock, Chr., Ingenieur, Hamburg, Blumenau 140.

Kluge, Hans, Dipl.-Ing., Professor a. d. Technischen Hochschule Karlsruhe, Mathysstr. 40.

Kluge, Otto, Marine-Oberbaurat für Schiffbau, Wilhelmshaven, Viktoriastr. 21.

460 Knauer, W., Vorstandsmitglied des Bremer Vulkan, Vegesack, Gerh.-Rohlf-Str. 17.

Knierer, Clemens, Betriebsingenieur, Hamburg 11, Bohnenstr. 4 I.

Knipping, Paul, Dr.-Ing., Technischer Leiter der Werft Nobiskrug G. m. b. H., Rendsburg, Grothstr. 5.

Knoop, Ulrich, Dipl.-Ing. des Schiffbaufaches, Hamburg 6, Bartelstr. 37.

Knörlein, Michael, Dipl.-Ing., Oberingenieur d. Fa. Weise Söhne, Halle a. S., L.-Wuchererstraße 87.

465 Knorr, Paul, Schiffsmaschinenbau-Ingenieur u. Professor an der höheren Schiff- und Maschinenbauschule, Kiel, Königsweg 14.

Koch, Carly, Direktor von A. Borsig, Berlin-Tegel; Hamburg, Bieberhaus, Zimmer 212.

Koch, Erich, Dipl.-Ing., Berlin-Charlottenburg, Neue Kantstr. 25.

Koch, Hans, Marinebaurat, Potsdam, Vermessung d. Märkischen Wasserstraßen, Neue Königstr. 31.

Koch, Joh., Direktor, Neumühlen-Dietrichsdorf b. Kiel, Kirchenstr. 5.

470 Koch, Rud. Ernst, Schiffbau-Ingenieur, Hamburg, Hansastr. 67.

Koch, W., Dipl.-Ing., Inspektor der Roland-Linie, A.-G., Bremen.

Koch, W., Ing., Bremen, Am Dobben 20.

Kockum, Henrik, Direktor der Kockums Mekaniska Verkstads Aktiebolag, Malmö.

Koehnhorn, Regierungsbaurat, Berlin NW 87, Levetzowstr. 21.

475 Köhler, Albert, Marinebaurat, Rüstringen, Bülowstr. 9.

Köhler, Alfred, Schiffbau-Ingenieur, Hamburg, Claudiusstr. 23.

Kolbe, Chr., Werftbesitzer, Wellingdorf bei Kiel.

Kolkmann, J., Schiffsmaschinenbau-Oberingenieur, Elbing, Hohezinnstr. 12.

Kölln, Friedrich, Dipl.-Ing., Oberingenieur u. Prokurist der Hamburger Elbschiffswerft A.-G., Hamburg 24, Eilenau 9.

480 König, Rob., Schiffbau-Betriebsingenieur, Schiffs- u. Maschinenbaugesellschaft A.-G., Mannheim.

Konow, K., Geheimer Oberbaurat, Charlottenburg, Witzlebenstr. 33.

Körber, Theodor, Dipl.-Ing., Haarlem, Rozenhagenplein 10.

Körner, Paul, Ingenieur, Langfuhr, Hauptstr. 5.

Koschmider, G., Dipl.-Ing., Abtlgs.-Vorst. d. Vulcan-Werke, Stettin-Bredow, Haackstr. 8.

485 Köser, I., Ingenieur, i. Fa. I. H. N. Wichhorst, Hamburg, Besenbinderhof 40.

Köster, Georg, Schiffbau-Direktor, Lübeck, Flenderwerft.

Kraeft, Otto, Schiffbau-Ingenieur, Bederkesa, Hannover, Landhaus Hellahohn.

Kraft, Ernest, A., Dr.-Ing., Direktor d. A. E. G., Berlin NW 87, Huttenstr. 12—16.

Krainer, Paul, Ordentl. Professor a. d. Techn. Hochschule Berlin-Halensee, Kurfürstendamm 136.

490 Kramer, L., Direktor d. Vertretungsges. m. b. H. der Germania-Werft, Hamburg 36, Neuer Wall 75.

Krause, Hans, Marine-Schiffbaumeister, Malmö, Hamngatan 4.

Krebs, Hans, Marinebaurat, Düsseldorf, Grafenberger-Allee 129.

Krell, Otto, Professor, Direktor der Siemens-Schuckertwerke, Berlin-Grunewald, Kronberger Str. 26.

Kretschmer, Herbert, Schiffbau-Ingenieur, Hamburg, Hochallee 31.

495 Kretzschmar, F., Schiffbau-Ingenieur, Zürich, Rotbuchstr. 36.

Krey, Hans, Dr.-Ing., Dr. Regierungs- und Oberbaurat, Berlin W 23, Schleuseninsel im Tiergarten.

Krohn, Heinrich, Zivilingenieur, Neu-Rahlstedt b. Hamburg, Am Gehölz 17.

Krüger, Gustav, Ingenieur bei Blohm & Voß, Hamburg 19, Eppendorfer Weg 109.

Krüger, Hans, Marinebaumeister a. D., Direktor der J. Frerichs & Co. A. G., Osterholz-Scharmbek.

500 Kruth, Paul, Masch.-Ingenieur, Hamburg 30, Eppendorfer Weg 211 III.

Kucharski, Walther, Ingenieur der Vulcanwerke, Hamburg, Gryphiusstr. 9.

Küchler, Paul, Marinebaurat, Wilhelmshaven, Kaiserstr. 34.

Kuck, Franz, Marine-Oberbaurat, Kiel, Feldstraße 134.

Kuehn, Richard, Schiffbau-Ingenieur, Blumenthal (Hannover), Lange Str., Villa Magdalena.

505 Kühne, Ernst, Oberingenieur, Bremen-Grambke, Grambker Heerstr. 59.

Kühnke, Regierungsbaurat, Bremen, Bulthauptstr. 21.

Kuhlmann, A., Direktor der Kubatz-Werften, Hamburg, Fuhlsbüttel, Maienweg 283.

Kuhlmann, Lothar, Ingenieur, Direktor der Schiffswerft A.-G., Linz a. D., Holzhammerstr. 2.

Kuhsen, Carl, Schiffbau-Ingenieur, Odense, Skibhusvej 226.

510 Kurgas, Erich, Dipl.-Ing., Ober-Ingenieur der A.-G. „Weser", Bremen, Wachmannstr. 5.

Kutzner, Reg.-Baurat, Breslau, Ernststr. 10.

Laas, Walter, Professor für Schiffbau an der Techn. Hochschule, Charlottenburg, Berliner Straße 171/172.

Lafrenz, Carl, Maschinenbau-Ingenieur, Neumühlen-Dietrichsdorf, Schwentinerstr. 11.

Laible, Friedrich, Ingenieur, Elbing, Altstädtische Wallstr. 13.

515 Lange, Alfred, Dipl.-Ing., Schiffbau-Betriebs-Ingenieur, Hamburg 30, Moltkestr. 47 part.

Lange, Claus, Schiffsmaschinenbau-Obering., Neumühlen-Dietrichsdorf, Kirchenstr. 1.

Lange, Heinrich, Schiffbau-Ingenieur, Blankenese b. Altona, Friedrichstr. 10.

Lange, Johs., Dipl.-Ing., Regierungsrat, Charlottenburg, Röntgenstr. 14.

Langen, O. H., Dipl.-Ing., Bremen, Straßburger Straße 9.

520 Langhans, Ernst, Dipl.-Ing., Hamburg 19, Heußweg 8.

Lankow, E., Ingenieur, Elbing, Äuß. Mühlendamm 20.

Laudahn, Wilhelm, Obermarinebaurat, Berlin-Lankwitz, Meyer-Waldeck-Straße 2.

Laurin, L., Werftdirektor, Lysekil, Schweden.

Lauster, Immanuel, Dr.-Ing., Direktor der M. A. N., Augsburg, Frölichstr. 14.

525 Läzer, Max, Schiffbau-Ingenieur, Kiel, Lornsenstraße 50.

Lechner, E., Marinebaurat, Generaldirektor, Köln-Bayenthal, Oberländer Ufer 118.

Lehm, Karl, Dipl.-Ing., Werftdirektor, Emden, Nordseewerke.

Leisner, Ad., Schiffbau-Ingenieur, Kiel, Feldstraße 70.

Lembke, Paul, Chefkonstrukteur, Ingenieur, Hamburg, Abendrothsweg 55.

530 Lempelius, Ove, Dipl.-Ing., Oberingenieur der Flensburger Schiffb.-Ges., Flensburg, Bauerlandstr. 1.

Leucke, Otto, Dr. phil., Dipl.-Ing., Direktor der Vereinigten Elbe-Norderwerft A.-G., Hamburg, Beim Andreasbrunnen 4.

Leux, Ferdinand, Boots- und Yachtwerft, Frankfurt a. M.-Niederrad.

Levin, Friedr., Marinebaurat, Wilhelmshaven, Viktoriastr. 29.

Leymann, Hermann, Dipl.-Ing., Genthin, Hafenstraße 13.

535 Lienau, Otto, Professor, Dipl.-Ing., Oliva bei Danzig, Cöllner Landstr. 16.

Lilie, Arthur, Ingenieur, Danzig, Schichauwerft.

Lincke, Barnim, Dipl.-Ing., Züllchow, Pommern, Schloßstr. 18.

Lindemann, Ehrich, Schiffbau-Ingenieur, Lübeck, Victoriastr. 8.

Lindenau, Paul, Werftbesitzer, Schiffswerft, Memel-Süderhuk, Festungstr. 4.

540 Linder, Ernst, Direktor, Stettin, Neu-Westend, Hans-Sachsen-Weg 4.

Lindfors, A. H., Ingenieur, Alingsas b. Gothenburg, Schweden, Strand 3.

Linker, B. C., Zivilingenieur, Vertreter von Krupp, Hamburg, Trostbrücke.

Lipowczak, Valentin, Oberingenieur, Wismar, Lindenstr. 12.

Lippold, Fr., Schiffbau-Oberingenieur der Vulcan-Werke, Hamburg, Schröderstr. 17.

545 Loesdau, Kurt, Marinebaurat a. D., Breslau, Schloßplatz 9.

Löflund, Walter, Marinebaurat, Kiel, Holtenauer Str. 73.

Löfvén, Erik Elias, Marinebaumeister, Stockholm, Upplandsgatan 13 B.

Lorenzen, L., Ingenieur bei Blohm & Voß, Hamburg 36, Fehlandstr. 46/48.

Lösche, Joh., Marine-Oberbaurat, Wilhelmshaven, Kaiserstr. 104.

550 Losehand, Fritz, Betriebs-Ingenieur, Buch b. Berlin, Zentrale.

Lottmann, Marinebaurat, Wilhelmshaven, Parkstr. 27.

Ludasi, Viktor, Dipl.-Ing., Oberingenieur der Ganz & Co., Danubius A. G., Budapest, Meder Utca 9.

Ludwig, Emil, Ingenieur, Hamburg 13, Grindelhof 56.

Ludwig, Friedrich, Ingenieur u. Fabrikbesitzer, Bremen, Parkallee 199a.

555 Ludwig, Karl, Dipl.-Ing. Direktor a. D., Hamburg 37, Hansastr. 65.

Lühring, F. W., Mitinhaber d. Fa. C. Lühring, Schiffswerft, Kirchhammelwarden a. d. Weser.

Lürssen, Otto, Ingenieur, Aumund-Vegesack, Bootswerft.

Machule, Joh., Oberingenieur, Charlottenburg, Kantstr. 72.

Mades, Rudolf, Dr.-Ing., Direktor d. Helix-Maschinenbau G. m. b. H., Berlin-Schöneberg, Kaiser-Friedrich-Str. 6.

560 Mahler, Heinrich, Dipl.-Ing., Vorstandsmitglied im Ravené-Konzern, Berlin-Charlottenburg, Kaiser-Friedrich-Str. 47.

Mainzer, Bruno, Techn. Leiter d. Reederei Paulsen & Ivers, Kiel, Dänische Str. 42.

Malisius, Paul, Marine-Oberbaurat, Wilhelmshaven, Adalbertstr. 26.

Mangold, Walther, Marinebaurat a. D., Danzig-Langfuhr, Johannistal 22.

Martins, Ludwig, Schiffbau-Ingenieur und Schiffsbesichtiger des Germ. Lloyd, Kiel, Wilhelminenstr. 14b.

565 Matthaei, Wilhelm, O., Dr.-Ing., Berlin-Charlottenburg, Galvanistr. 7.

Matthias, Franz, Dr.-Ing., Hamburg, Raboisen 40.

Matthiessen, Paul, Zivilingenieur, Blankenese, Süldorferweg 50.

Matzkait, Edgar, Dipl.-Ing., Direktor der Schiffswerft u. Maschinenfabrik d. Rigaer Börsenkomitees, Riga, Basteiboulevard 6, W 5.

Mau, Wilhelm, Dipl.-Ing., Obering. u. Geschäftsführer der Werft von D. W. Kremer Sohn, Elmshorn, Kaltenweide 141.

570 Medelius, Oskar Th., Betriebs-Ingenieur, Göteborg, Mek. Verkstad.

Meienreis, Walther, Regierungsrat, Berlin-Friedenau, Wiesbadener Str. 4.

Meier, B., Schiffbau-Ingenieur, Fried. Krupp A.-G. Germaniawerft, Kiel-Elmschenhagen, Kiefkampfstr. 6.

Meier, Bruno, Schiffbau-Oberingenieur d. Vulcan-Werke Hamburg, Blankenese, Wedeler Chaussee 81.

Meinke, Hugo, Schiffsmaschinenbau-Ing., Odense Stoalskibsværft, Odense, Dänemark.

575 Meisner, Erich, Marinebaurat, Charlottenburg, Hardenbergstr. 13.

Menadier, Marinebaumeister, Hamburg-Alt-Rahlstedt, Ohlendorfstr. 17.

Mendelssohn, Franz, Marinebaumeister, Danzig-Langfuhr, Gr. Allee 38.

Menke, Hermann, Ingenieur, Hamburg 37, Isestr. 29.

Mennicken, E., Rechnungsrat, Berlin-Steglitz, Stubenrauchplatz 3.

580 Merten, Paul, Ing., Hamburg 1, Besenbinderhof 71/72.

Methling, Marine-Oberbaurat, Ministerialrat, Steglitz, Sedanstr. 12.

Meyer, Alfred, Maschinen-Ing., Kopenhagen, Humlebacksgade 8.

Meyer, C., Dipl.-Ing., Hamburg 23, Landwehr 75.

Meyer, Erich, Dr.-Ing., Elbing, Bismarckstr. 15.

585 Meyer, F., Schiffbau-Oberingenieur, Danzig, Schichau-Werft, Hansaplatz 2.

Meyer, Franz Jos., Schiffbau-Ingenieur, i. Fa. Jos. L. Meyer, Papenburg.

Meyer, H., Dr.-Ing., Dipl.-Ing., Kiel, Bismarckallee 23.

Meyer, Hans, Techn. Direktor d. Schinag, Bremen, Domshof 26/30.

Michael, Alfred, Oberingenieur der Atlaswerke, Bremen, Mathildenstr. 9.

590 Michaeli. Erich, Marinebaumeister, Bitterfeld, Parsivalstr. 64a.

Michelbach, Jos., Schiffsmaschinenbau-Ingenieur, Hamburg, Mönckebergstr. 17.

Mierzinsky, Hermann, Dipl.-Ing., Dessau, Kaiserstr. 11.

Misch, Ernst, Oberingenieur des Germanischen Lloyd, Berlin-Groß-Lichterfelde-West, Karlstraße 32.

Mladiáta, A. Johannes, Marine-Schiffbau-Oberingenieur, Budapest VIII, Márva utva 56.

595 Mohr, Hans, Marinebaurat, Altona, Flottbeker Chaussee 176.

Mölle, Rechnungsrat, Nowawes, Heinestr. 9.

Möllenberg, E., Dipl.-Ing., Schiffbau-Ingenieur, p. Adr. Hermann Leymann, Bremen, Werderufer 1.

Möller, J., Schiffbaumeister, Rostock, Friedrich-Franz-Str. 36.

Möller, W., Ingenieur für Schiff- u. Maschinenbau, Hamburg, Baumwall 13—14.

600 Molsen, Jan, Ingenieur, Direktor der Hafendampfschiffahrt-A.-G., Hamburg 39, Eppendorferstieg 8.

Momber, Bruno, Dipl.-Ing., Maschinenbaudirektor i. Fa. Alfred Kubatz, Wilhelmshaven-Rüstringen, Göckerstr. 70.

Monhemius, S. F., jr. Oberingenieur der Kgl. Niederländischen Marine, Helder.

Mötting, Emil B., Zivilingenieur für Schiffahrt u. Schiffbau, Bremen, Contrescarpe 186.

Mrazek, Jaroslav, Schiffbau-Ingenieur, Triest 10, Stabilimento Tecnico. Triestino 10.

605 Mugler, Julius, Marine-Oberbaurat, Berlin W 30, Berchtesgadener Str. 12.

Müller, A. C. Th., Dr.-Ing., Oberingenieur und Prokurist der Firma F. Schichau, Elbing.

Müller, Carl, Stellvertretender Direktor u. Prokurist des Germanischen Lloyd, Berlin-Grunewald, Hubertus-Allee 3.

Müller, Emil, Chefingenieur d. Joh. C. Tecklenborg A.-G., Geestemünde, Borriesstr. 16.

Müller, Ernst, Professor, Diplom-Schiffbau-Ingenieur, Technische Staatslehranstalten, Bremen, Rheinstr. 6 pt.

Müller, F. H. W., Schiffbau-Ingenieur, Besichtiger des Germ. Lloyd, Geestemünde, Am Deich 18. 610

Müller, Hermann, Schiffbau-Oberingenieur u. Direktor, Potsdam, Neue Königstr. 49.

Müller, Max, Zivilingenieur i. F. Paul Matthiesen u. Max Müller, Hamburg, Hamburger Dockbaubüro, Trostbrücke 2.

Müller, Paul, Schiffsmaschinenbau-Ingenieur, Rüstringen i. O., Schulstr. 58.

Müller, Paul Friedrich Carl, Oberingenieur und Chef der Abtlg. Maschine d. Hamburg-Südamerikan. Dampfschiffahrts-Ges., Hamburg, Heinrich Herzstr. 7a.

Müller, Rich., Geh. Oberbaurat, Abteilungschef im Reichswehrministerium (Marineleitung), Berlin-Wilmersdorf, Spessarstraße 13. 615

Mundt, Robert, Direktor der Bayerischen Schiffbau-Ges. m. b. H. Erlenbach a. Main, Bayern.

Mustelin, Bruno, Dipl.-Ing. bei A. B. Crichton, Åbo, Stollsgatan 54, Finnland.

Nagel, Joh. Theod., Schiffsmaschinenbau-Ingenieur, Hamburg, Wagnerstr. 48.

Naglo, Fritz, Dipl.-Ing., Inhaber der „Naglo-Werft", Berlin-Spandau, Post Pichelsdorf.

Neeff, Fritz, Dipl.-Ing. u. Prokurist der A.-G. „Weser", Bremen, Wachmannstr. 72. 620

Neesen, Marinebaurat i. Fa. Pohl & Vent, G. m. b. H., Hamburg 1, Lilienstr. 7, Semperhaus C.

Neß, Artur, Ingenieur, Hamburg 22, Hamburger Straße 164.

Nettmann, Paul, Dr.-Ing., Mitinhaber der Fa. Wolf & Nettmann, Gebäude d. Darmstädter und Nationalbank, Köln, Eingang Marzellenstraße.

Neugebohrn, Carl, Dr.-Ing., Bergedorf, Roonstraße 9.

Neumann, Bernhard, Schiffbau-Ingenieur, Valdivia, Casilla de Correo 124 (Chile). 625

Neumann, Walter, Schiffbau-Ingenieur, Stettin, Preußische Str. 4.

Nielsen, Johannes, Schiffbau-Ingenieur, Kiel, Klopstockstr. 11.

Nilsson, Nils Gustaf, Chef des Kgl. Kommerskollegiums, Fahrzeugabteilung. Stockholm.

Noack, Ulr., Schiffbau-Dipl.-Ing., Technische Staatslehranstalten, Bremen, Friedrich Wilhelm-Straße 49.

Nüßlein, Georg, Dipl.-Ing. u. Prokurist d. A.-G. Weser, Bremen, Waller Heerstr. 33. 630

Oberländer, Paul, Dipl.-Ing., Regierungsrat, Zehlendorf-West, Siedlung a. d. Potsdamer Chaussee, Block V, Haus 75.

Oeding, Gustav, Oberinspektor u. Prokurist des Nordd. Lloyd, Techn. Betrieb, Bremerhaven, Bürgermeister-Smidt-Str. 150.

Oelkers, Otto, Schiffbau-Ingenieur, Mitinhaber der Schiffswerft J. Oelkers, Neuhof a. Reiherstieg b. Hamburg.

Oertz, Max, Dr.-Ing., Direktor der Oertz-Werke, Hamburg, An der Alster 84.

Oesten, Karl, Stellvertretender Schiffbau-Direktor der Fr. Krupp A.-G., Germaniawerft, Kiel, Niemannsweg 96. 635

Oestmann, C. H., Ober-Ingenieur, Elbing, Königsberger Str. 16.

Oestman, Erik, Schiffbau-Ingenieur, Lidingö-Villastad, Tomik 73, Schweden.

Ofterdinger, Ernst, Technischer Direktor der deutschen Levantelinie, Dockenhuden bei Blankenese (Elbe), Weddigenstr. 3.

Oppers, Emanuel, Reg.-Baum., Schiffbau-Oberingenieur der Norderwerft A.-G., Hamburg-Gr.-Borstel, Moorweg 44

640 Orbanowski, K., Generaldirektor, Berlin W 9, Bellevuestr. 14.

Ornell, Niels J., Oberlehrer für Schiffbau in Bergens Tekn. Skole, Bergen, Harald Haarfagersgade 4.

Ortlepp, Max W., Schiffbau-Ingenieur, Elbing, Bismarckstr. 7.

Ott, Julius, Technischer Direktor d. Schweizer Schleppschiffahrtsgenossenschaft, Basel.

Otte, Rudolf F. W., Ingenieur-Kaufmann, Mitinhaber d. Firma Hoeck, Otte & Co., Hamburg-Bremen, Hamburg 37, Klosterallee 23.

645 Otto, Walther, Regierungsbaurat, Berlin-Dahlem, Lentze-Allee 16.

Overbeck, Paul, Stellv. Direktor der A.-G. „Weser", Bremen, Schönhausenstr. 8.

Paatzsch, Gustav, Betriebs-Ingenieur, Hamburg, Finkenwärder.

Paech, Hermann, Marinebaurat, Hamburg-Gr. Flottbek, Brahmsstr. 1.

Pagel, Carl, Professor, Dr.-Ing., Vorsitzender d. Germanischen Lloyd, Berlin NW 40, Alsenstr. 12.

650 Pauli, Sven, Marinedirektor, Karlskrona.

Paulsen, H., Ingenieur, Hamburg, Wrangelstr. 3.

Paysen, Hans, Ing. und Bürochef der Vulcan-Werke, Stettin-Bredow, Haackstr. 7 I.

Peltzer, Franz Ferdinand, Dipl.-Ing., Oberingenieur d. Ehrhardt & Sehmer A.-G., Saarbrücken, Lebacher Str. 1.

Peters, A., Regierungsbaurat, Danzig-Langfuhr, Hochschulenweg 6.

655 Peters, Franz, stellvertr. Direktor bei der Werft A.-G. Speyer, St. Guidostr. 29.

Peters, Karl, Betriebs-Ingenieur, Kiel, Lornsenstraße 48.

Petersen, Ernst, Ingenieur, Hamburg 37, Klosterallee 63.

Petersen, Fr. Alb., Ingenieur, Maschinen-Besichtiger des Germ. Lloyd, Dorfmark-Hannover.

Petersen, Hans, Dipl.-Ing., Regierungsbaumeister, Hamburg 39, Flemmingstr. 9.

660 Petersen, Lorenz, Schiffbau-Ingenieur, Hamburg 13, Heinrich-Barth Str. 29.

Petersen, Martin, Ingenieur, Abteilungschef der Fried. Krupp A.-G.-Germaniawerft, Elmschenhagen b. Kiel, Kruppallee 30.

Petersen, Otto, Marine-Oberbaurat, i. F. Ludwig Dürr, Ingenieurbüro G. m. b. H., Icking bei München.

Peuss, Franz, Werftdirektor, Elsfleth, Friedrich-August-Str. 15.

Pfeiffer, Adolf, Ingenieur, Berlin NW 87, Hansa-Ufer 2 II.

665 Pichon, Walter, Dipl.-Ing., Hamburg-Uhlenhorst, Averhoffstr. 24.

v. Plato, Felix, Ingenieur, Reval, Tatarenstr. 53.

Plehn, Geheimer Marinebaurat, Danzig, Große Allee 44.

Pogatschnig, Jos., Schiffbau-Oberingenieur d. Wumag, Abtlg. d. Schiffswerft Uebigau, Dresden N 23, Cottbuserstr. 37.

Pohl, A., Ingenieur, Altona-Othmarschen, Moltkestr. 75.

670 Pophanken, Dietrich, Oberbaurat, Maschinenbau-Direktor, Mitglied d. Direktoriums d. Marinewerft Bornhöved i. Holstein.

Pophanken, Erich, Dr.-Ing., Berlin-Wilmersdorf, Pariser Str. 12.

Popp, Michael, Dipl.-Ing., Hamburg 23, Rückertstraße 52.

Poppe, Carl, Oberingenieur der A.-G. „Weser", Bremen, Margarethenstr. 10 c.

Prachtl, Guido, Dipl.-Ing., Oberingenieur d. Adlerwerke A.-G., Frankfurt a. M., Franz-Lenbach-Str. 4 ptr.

675 Preße, Paul, Geheimer Oberbaurat, Chef der Konstruktionsabteilung beim Reichswehrministerium (Marineleitung), Berlin-Wilmersdorf, Konstanzer Str. 56.

Preuß, A. F. W., Direktor u. Vorstandsmitglied der Stettiner Oderwerke, Stettin, Gießereistr. 17.

Pritzkow, Fritz, Dipl.-Ing., Berlin NW 23, Schlesinger Ufer 10.

Probst, Martin, Dr.-Ing., Hamburg, Innocentiastr. 49.

Pröll, Arthur, Dr.-Ing., Professor an der Technischen Hochschule, Hannover, Militärstr. 18.

680 v. Radinger, Carl Edler, Ing., Geschäftsführer der Westdeutschen Celluloidwerke, Düsseldorf-Oberkassel, Kaiser Wilhelm-Ring 12.

Rappard, Jhr. C. van, Direktor van's Rijskwerf, Hellevoetsluis.

Rappard, M. Jhr. ir., Schiffbau-Direktor d. Kgl. Niederländischen Marine, s'Gravenhage, Ministerie van Marine.

Rasmussen, A. H. M., Direktor im Kgl. Dänischen Handels- u. Schiffahrtsministerium, Kopenhagen, K. Skt. Anna Plads 18.

Rasmussen, Henry, Yacht-Konstrukteur, Mitinhaber der Firma Abeking & Rasmussen, Lemwerder a. d. Weser, Vegesack, Bremerstraße 30.

685 Rath, Ingenieur, Berlin-Steglitz, Schloßstr. 17.

Rauert, Otto, Dipl.-Ing., Hamburg 25, Ober-Borgfelde 15.

Rechea, Miguel, Ingeniero Naval, Ferrol, Real 145, Spanien.

Rehder, M., Dr.-Ing., Vorsitzender des Direktoriums der Ottensener Eisenwerke A.-G., Altona-Ottensen, Gr. Brunnenstr. 109/115.

Reichert, Gustav, Dipl.-Ing., Kiel, Kleiststr. 27.

690 Reimers, H., Marine-Oberbaurat, Duisburg, Kronprinzenstr. 48.

Reitzner, Paul, Schiffbau-Ingenieur, Schiffswerft Linz A.-G., Linz, Stelzhamerg 2.

Rembold, Viktor, Dr.-Ing., Professor a. d. Techn. Hochschule, Danzig-Langfuhr.

Renner, Felix, Dipl.-Ing., Chef-Ingenieur bei Schlubach, Thiemer & Co., Hamburg, Reinbeck b. Hamburg, Rilleweg.

Reshöft, Carl, Direktor d. Otto Werft A. G., Harburg a. E.

695 Richter, Otto, Schiffbau-Obering. u. Handlungsbevollmächtigter der A.-G. „Weser", Bremen 13, Gröpelinger Heerstr. 413.

Riechers, Carl, Oberingenieur u. Betriebsleiter d. Maschinenbau-Abtlg. der Firma F. Schichau, Elbing, Brandenburger Str. 1.

Rieck, John, Dipl.-Ing., Hamburg 19, v. d. Tannstraße 7.

Riecke, Regierungsbaurat, Heidelberg, Mittelstraße 47.

Riemeyer, Regierungsbaurat, Bremen, Schwachhauser Heerstr. 63.

700 Rieseler, Hermann, Oberingenieur d. Fa. H. Maihak A.-G., Hamburg, Andreasstr. 31.

Riess, O., Dr. phil., Geheimer Regierungsrat, Berlin W 62, Courbièrestr. 2.

Rindfleisch, Max, Werftdirektor, Lehe, Hafenstraße 139.

Roch, Eugen, Dr.-Ing., Hamburg 1, Ferdinandstraße 29.

Roehrig, Hellmuth, Dipl.-Ing., Direktor d. Gas- u. Wasserwerkes, Barmen, Victoriastr. 27.

705 Roellig, Martin, Marinebaurat, Berlin-Wilmersdorf, Uhlandstr. 86.

Roeser, Kurt, Dr.-Ing., Oberingenieur der Fried. Krupp A.-G., Essen-Rellinghausen, Hagelkreuz 26.

Roesler, Leonhard, Ministerialrat u. Binnenschifffahrts-Inspektor im Bundesministerium für Verkehrswesen, Wien XVIII/3, Hockegasse 84.

Roester, Hermann, Schiffbau-Diplom-Ingenieur, Vegesack-Bremen, Bremer Str. 45.

Rohlffs, Carl, Maschineninspektor beim Germ. Lloyd, Hamburg 25, Hagenau 82.

710 Rohlffs, Willy, Ingenieur, Neu-Rahlstedt, Kaiser-Friedrich-Str. 11.

v. Rohr, Joachim, Regierungsbaumeister, Stettin-Bredow, Vulcanstr. 2.

Romberg, Friedrich, Geheimer Regierungsrat, Professor a. d. Techn. Hochschule zu Berlin, Nikolassee b. Berlin, Teutoniastraße 20.

Rose, Konrad, Oberingenieur, Dresden-N. 6, Kurfürstenstr. 18.

Rosenberg, Conr., Direktor, Bremerhaven, Bürgermeister-Smidt-Str. 60.

715 Rosenberg, Eduard, Ingenieur, Bremerhafen, Kaiserstr. 3.

Rosenberg, Max, Amtl. Schiffs- u. Maschinenbesichtiger, Bremerhaven, Bogenstr. 19.

Rosenstiel, Rud., Direktor der Schiffswerft von Blohm & Voß, Hochkamp b. Klein-Flottbek, Bahnstr. 10.

Roßmann, Wilhelm, Ministerial - Amtmann, Berlin-Steglitz, Mommsenstr. 26.

Roth, C., Maschinenbaudirektor, Oberingenieur, Elbing, Arndtstr. 5.

720 Rother, Eugen, Oberingenieur, Mannheim-Ostheim, Kaiserring 20.

Rücker, Wilhelm, Dipl.-Ing., Oberingenieur d. Travewerkes Siems b. Lübeck, Kirchweg.

Rudloff, Johs., Dr.-Ing., Wirkl. Geheimer Ober-Baurat und Professor, Berlin-Halensee, Joachim-Friedrich-Str. 32.

Runkwitz, Arthur, Maschinenbau-Ingenieur, Elmschenhagen b. Kiel, Pottberg.

Sachau, Hans, Oberingenieur, Hamburg 3, Großneumarkt 17.

725 Sachsenberg, Ewald, Dr.-Ing., Professor d. Techn. Hochschule, Dresden-A., Hohestr. 41.

Salfeld, Paul, Regierungsbaurat, Kiel, Franckestraße 4.

Saiuberlich, Th., Vorstandsmitglied und technischer Direktor der Adlerwerke, vorm. Heinr. Kleyer, A.-G., Frankfurt a. M., Forsthausstraße 107a.

Sartorius, Rechnungsrat, Nowawes, Heinestraße 7.

Saßmann, Friedrich, Schiffbau-Ingenieur, Mannheim R. 7, Nr. 1.

730 Schaefer, Karl, Ingenieur, Oliva bei Danzig, Kronprinzen-Allee 42.

Schäfer, Dietrich, Dr.-Ing., Baurat, Ministerialrat im Reichsschatzministerium, Berlin-Steglitz, Friedrichstr. 7.

Schäfer, Paul, Schiffsmaschinenbau-Ingenieur u. Bürochef d. Joh. C. Tecklenborg A.-G., Langen Nr. 141, Bez. Bremen.

Schaffran, Karl, Dr.-Ing., Vorsteher der Schiffbauabteilung d. Versuchsanstalt für Wasserbau und Schiffbau, Berlin NW 23, Siegismundhof 16.

Scharlibbe, Ludwig, Dipl.-Ing. Direktor bei Borsig, Berlin-Tegel.

735 Schätzle, Jos. H., Oberingenieur, Hamburg, i. Fa. Blohm & Voß.

Schellenberger, F. J., Direktor d. Bayerischen Schiffbau-Ges. m. b. H. vorm. Anton Schellenberger, Erlenbach a. Main.

Scherbarth, Franz, Dipl.-Ing., Stettin, Grabower Str. 12.

Scheunemann, Georg, Schiffbau - Betriebs-Ingenieur, Stettin, Derfflingerstr. 20.

Scheurich, Th., Oberregierungsbaurat, u. Direktor, Kiel, Werftstraße 118.

740 Schilling, Paul, Dipl. - Ing., Berlin W 15, Knesebeckstr. 60/61.

Schirmer, C., Geheimer Marinebaurat, Wilhelmshaven, Montsstr. 4.

Schirmer, Georg, Marinebaumeister, Oberingenieur der Fa. Meirowsky & Co. A.-G., Porz a. Rh., Bez. Cöln, Meirowskystr.

Schirokauer, Felix, Dipl.-Ing., Germanischer Lloyd, Berlin NW 40, Alsenstr. 12.

Schlichting, Marinebaurat, Wilhelmshaven, Bismarckstr. 108.

745 Schlie, Hans, Dipl.-Ing., Kiel, Kirchhofsallee 29.

Schlueter, Fr., Marinebaurat a. D., Berlin W 15, Uhlandstr. 43.

Schmedding, Ad., Marinebaurat, Alt - Rahlstedt b. Hamburg, Waldstr. 50.

Schmeißer, Marinebaurat, Berlin-Schöneberg, Wexstr. 63.

Schmidt, Eugen, Oberregierungsbaurat, Kiel, Holtenauer Str. 65.

750 Schmidt, G., Wilhelm, Dr.-Ing., Schriftleiter beim V. d. I., Berlin - Friedenau, Feurigstr. 2.

Schmidt, Harry, Geheimer Marinebaurat, Berlin, Groß-Lichterfelde-West, Berner Str. 15.

Schmidt, Heinrich, Marine-Oberbaurat, Wilhelmshaven, Adalbertstr. 28.

Schmidt, Rudolf, Dr.-Ing., Mitinhaber d. Firma Steuß & Bauer, Bremen, Benquestr. 10.

Schmidt, Willy Oskar, Schiffsmaschinenbau-Ingenieur, I. Konstrukteur f. Schiffsmaschinenbau, Dresden-A., Ostra-Allee 10 II.

755 Schmiedeberg, Wilhelm, Ingenieur, Stettin-Grabow, Gießereistr. 25.

Schnabel, E., Dipl.-Ing., Kiel, Königsweg 38.

Schnabel, Georg, Dipl.-Ing., Assistent a. d. Techn. Hochschule, Danzig-Langfuhr.

Schnapauff, Wilh., Professor, Rostock, Friedrich-Franz-Str. 2.

Schneider, Edgar, Oberingenieur, Rheinschifffahrts-G. m. b. H. Mannheim, Mollstr. 30.

Schneider, F., Schiffbau-Ingenieur, Hamburg 8, Holzbrücke 8.

760 Schneider, Julius, Dipl.-Ing. bei Fritz Neumeyer A.-G., München-Freimann, Freiningerlandstr. 11.

Schneider, Rudolf, Dipl.-Ing., Betriebs-Ing. d. Vulkan-Werke, Hamburg 21, Osterbeckstr. 8.

Schnitger, Lübbe, Obering. u. Prokurist der A.-G. Weser, Bremen, Hohenzollernstr. 7.

Scholz, Wm., Dr.-Ing., Schiff- u. Maschinenbau-Direktor, Vorstandsmitglied der Deutschen Werft A.-G., Hamburg.

765 Schoeneich, Hugo, Dr.-Ing., Oberregierungsrat, Mitglied d. Reichsversicherungsamts, Spandau, Plantage 10/11.

Schoening, Hermann, Fabrikbesitzer, Berlin-Borsigwalde, Spandauer Str. 51/60.

Schoerner, Yngve, Marinebauinspektor, Karlskrona, Schweden.

Schotte, Friedrich, Marinebaurat, Wilhelmshaven, Holtermannstr. 63.

Schowalter, Johannes, Dipl.-Ing., Hamburg 19, Eichenstr. 62.

770 Schriever, L., Ingenieur auf Dampfer „Columbus", Bremerhaven.

Schröder, Hans, Zivilingenieur für Schiffbau, Yacht - Konstrukteur, Berlin - Spandau, Ruhlebener Str. 16.

Schröder, Hermann, Dipl.-Ing., Danzig-Langfuhr, Am Johannesberg 1.

Schröder, Paul, Schiffbau-Ingenieur, Hamburg 19, Emilienstr. 55.

Schroeder, Richard, Betriebsingenieur der Schichau-Werft, Danzig, Große Allee 36.

775 Schubert, E., Schiffbau-Ing., Hamburg 19, Eichenstr. 19.

Schuldt, Georg, Dipl.-Ing., Stralsund, Werftstraße 9a.

Schultenkämper, Fr., Werftbesitzer, Elmshorn, Thormählen-Werft.

Schulthes, K., Marinebaurat a. D., Vertreter der Fried. Krupp A.-G., Berlin - Lichterfelde, Bernerstr. 16/17.

Schultz, Alwin, Schiffsmaschinenbau-Oberingenieur, Prokurist, der Joh. C. Tecklenborg, Akt.-Ges., Schiffswerft und Maschinenfabrik, Bremerhaven-Geestemünde.

780 Schultz, Heinrich, Dr.-Ing., Ober-Ing. bei der Werft von Blohm & Voß, Hamburg, Schrötteringsweg 14.

Schulz, Bruno, Marine-Oberbaurat, Berlin-Wilmersdorf, Holsteinische Str. 26.

Schulz, Carl, Schiffbau-Ingenieur, Hamburg, Claudiusstr. 33.

Schulz, Carl, Ingenieur, Betriebschef der Kesselschmiede und Lokomotivenfabrik F. Schichau, Elbing, Trettinkenhof.

Schulz, Christian, Marinebaurat, Wilhelmshaven, Reichswerft.

785 Schulz, Paul, Oberingenieur, Stettin, Kaiser-Wilhelm-Str. 93.

Schulz, Richard, Dipl.-Ing., Regierungsrat, Jena, Schützenstr. 3.

Schulze, Bernhard, Ingenieur und Masch.-Inspektor des Germanischen Lloyd, Dortmund, Viktoriastr. 8.

Schulze, Fr. Franz, Werftdirektor der 1. priv. Donau-Dampfschiffahrts-Gesellschaft, Budapest III, hajógyár.

Schumann, Erich, Marinebaurat, Rüstringen, Fritz Reuterstr. 29 I.

790 Schürer, Friedrich, Marinebaurat a. D., Buenos Aires, Göttingen, Friedländer-Weg 56.

Schwartz, L., Dr.-Ing., Direktor der Stettiner Maschinenbau - Akt. - Ges. Vulcan, Hamburg, Heilwigstraße 88.

Schwarz, Tjard, Geheimer Marinebaurat a. D., Wandsbek, Freesenstr. 15.

Schwerdtfeger, Schiffbau-Oberingenieur, bei J. W. Klawitter, Danzig-Langfuhr, Große Allee 36.

Schwerin, Otto, Marine-Ingenieur beim Reichskommissar für den Wiederaufbau d. zerstörten Gebiete, Berlin-Friedenau, Kaiserallee 108.

795 Schwiedeps, Hans, Zivilingenieur und Maschinen-Inspektor, Stettin, Bollwerk 12—14.

Seide, Otto, Ingenieur, Bremen, Oldesloer Str. 8.

Sendker, Ludwig, Schiffbau-Ingenieur, A.-G. „Weser", Bremen, Brückenstr. 25.

Severin, C., Oberingenieur, Breslau, Friedrich-Wilhelm-Str. 8.

Sieg, Georg, Mar. Baurat und Regierungsrat, Kiel, Nettelbeckstr. 14.

800 Siemann, Dr.-Ing., Oberlehrer a. d. techn. Staatl. Lehranstalten, Bremen, Isarstr. 69.

Sievert, Johannes, Schiffbau-Ingenieur, Mönkeberg b. Kiel, Schöne Aussicht 6/8.

Simon, Otto, Dipl.-Ing., Ober-Ing. und erster maschinentechnischer Leiter der Gewerkschaft Elise II, Halle, Königstr. 87.

Smith, Danchert, Dipl.-Ing., Oslo, Sjöfartsbygningen 243.

Smitt, Erik, Schiffbau-Ingenieur, Gothenburg, Vasagatan 4.

805 Sodemann, Rudolf, Zivil-Ing. und Expert, Hamburg 21, Canalstr. 21/23.

Sokol, Hans, Direktor, Skoda-Werke, Pilsen, Tschecho-Slowakei.

Sombeek, C., Stellvertreter Direktor des Germanischen Lloyd, Hamburg, Jordanstr. 51.

Sommer, Aloys, Schiffbau-Dipl.-Ing., Bremen, Doventorsdeich 37.

Spangenberg, Adolf, Ingenieur, Essen-Ruhr, Königsstr. 32.

810 Spiess, Marinebaurat a. D. u. Handlungsbevollmächtigter d. A.-G. Weser, Bremen, Gerhardstr. 9.

Spruth, Hans, Dipl.-Ing., Fabrikdirektor a. D., Berlin-Lankwitz, Kaulbachstr 45.

Stach, Erich, Marinebaurat, Berlin-Steglitz, Sedanstr. 20a.

Stammel, Paul, Ingenieur, Hamburg, Neuer Pferdemarkt 33.

Stauch, Adolf, Dr.-Ing., Oberingenieur und Prokurist der Siemens-Schuckert-Werke, G. m. b. H., Berlin-Charlottenburg, Kaiserdamm 113.

815 Steegmann, Erich, Schiffbau-Ingenieur bei F. Schichau, Elbing, Talstr. 13.

Steen, Chr., Maschinen-Fabrikant, Elmshorn, Gärtnerstr. 91.

Steinacker, Andor, Dipl.-Ing., Dir. d. Schiffswerft Linz A.-G., Wien III, Sebastian-Platz 2.

Steinbach, Erich, Ingenieur, Altona-Othmarschen, Moltkestr. 172.

Steinbeck, Friedr., Ingenieur, Rostock, Georgstraße 14.

820 Steinberg, Fritz, Schiffbau-Ingenieur, Hamburg, Collaustr. 5.

von den Steinen, Carl, Dr.-Ing., Marinebaurat, Bergedorf bei Hamburg, Grüner Weg 2.

Steiner, F., Techn. Direktor d. Schiffs- u. Maschinenbau-A.-G., Mannheim.

Stellter, Fr., Schiffbau-Ing., Kiel, Kaistr. 24.

Stern, Fritz, Schiffbau-Ingenieur, Emden, Bentinksweg 2.

825 Sternberg, A., Geh. Konstr.-Sekretär, Schiffbau-Ing., Berlin - Schöneberg, Hohenstaufenstr. 67.

Stockhusen, Schiffbau-Oberingenieur, Neumühlen-Dietrichsdorf b. Kiel, Augustenstr. 10.

Stoll, Albert, Schiffbau-Ingenieur, Stettin, Langestraße 8.

Strache, A., Marine-Oberbaurat, Hermsdorf, Sächsische Schweiz.

Strebel, Carlos, Oberingenieur, Leiter d. Hamburg. Zweigbureaus der Atlaswerke, Hamburg 29, Armgardstr. 28.

880 Strehlow, Bernhard, Schiffbau-Dipl.-Ing., Nr. 9 Schinotani, Sumacho, Kobe, Japan b. Ad.: Dipl.-Ing. H. Wohlfarth, Stettin, Deutsche Str. 32.

Strelow, Waldo, Dipl.-Ing., Schiffs- und Schiffsmaschinenbau-Ingenieur, Hamburg, Flemmingstraße 4.

van der Struyf, J., Oberingenieur der Kgl. Niederländischen Marine, Haag, Laan van N. Oost-Indie 222.

Stülcken, J. C., Schiffbaumeister, i. Fa. H. C. Stülcken Sohn, Hamburg-Steinwärder.

Süchting, Wilhelm, Dipl.-Ing., Oberingenieur, Hamburg, Blohm & Voß, Sierichstr. 70.

835 Süß, Georg, Konstr.-Ingenieur bei A. Borsig, Berlin-Tegel, Buddestr. 19.

Süss, Peter Ludwig, Betriebsingenieur der Vulcan-Werke, Stettin-Bredow, Neue Vulcanstraße 1.

Süssenguth, H., Marine-Oberbaurat, Danzig, Reichs-Werft.

Süssenguth, W., Schiffsmaschinenbau-Ingenieur, Werft von F. Schichau, Elbing.

Sütterlin, Georg, Oberingenieur der Werft von Blohm & Voß, Hamburg-Blankenese, Schillerstraße 42.

840 Techel, H., Dr.-Ing., Oberingenieur der Fried. Krupp A.-G., Germaniawerft, Kiel, Düsternbrook 160.

Techow, Alfred, Marinebaurat a. D., Wattenbeck, Post Bordesholm, Holstein.

Teubert, Wilhelm, Dr.-Ing., Regierungs- u. Baurat, Mannheim, Hebelstr. 15.

Teucher, J. S., Dipl.-Ing., Oberingenieur, Vertreter d. Fried. Krupp A.-G., Gußstahlfabrik Essen u. Stahlwerk Annen, Bremen, Rembrandtstraße 18.

Thämer, Carl, Wirkl. Geh. Marine-Baurat, Wilhelmshaven, Prinz-Heinrich-Str. 45.

845 Thierry, Julius, Dipl.-Ing. i. Firma Fischer & Kreicke, Hamburg, Mansteinstr. 3.

Thilo, Adolf, Zivilingenieur, Riga (Lettland), Kl. Sandstr. 12.

Thomas, H. E., Dipl.-Ing., Berndorf (Nieder-Österreich), Klostermannstr. 12.

Thomsen, Peter, Oberingenieur, Kassel, Herkulesstr. 9.

Thye, Bruno, Dipl.-Ing., Berlin-Wilmersdorf, Kaiserallee 27.

850 Tillmann, Max, Dr.-Ing., Hamburg 42, Eilenau 13.

Titz, Alexander, Schiffbau-Oberingenieur, Wien III, Parkgasse 6.

Totz, Richard, Vorstand d. techn. Abt. der 1. priv. Donau-Dampfschiff.-Ges. und Mar.-Ober-Ing. d. R., Wien III/2, Hintere Zollamtstr. 1.

Toussaint, Heinr., Oberwerftdirektor der Reichswerft Kiel.

Tradt, M., Dipl.-Ing., Schiffbaudirektor der Fried. Krupp A.-G., Germaniawerft, Kiel, Düsternbrook 132.

855 Trautwein, William, Vereidigter Sachverständ. f. Schiffe u. Schiffsm., Duisburg-Ruhrort, Harmoniestr. 11.

Trümmler, Fritz, Inhaber d. Fa. W. & F. Trümmler, Spezialfabrik für Schiffsausrüstungen usw., Mülheim a. Rh., Delbrücker Str. 25.

Türk, Richard, Oberingenieur der Vereinigungs-Ges. Rhein. Braunkohlenbergwerke, Abtlg. Schiffahrt, Wesseling, Bez. Cöln.

Uhlig, Alfred, Direktor der Hamburger Elbe-Schiffswerft A.-G., Hamburg-Wilhelmsburg, Schmidtstr. 15.

Ulffers, Otto, Marinebaurat, Wilhelmshaven, Prinz-Heinrich-Str. 41.

Ullmann, Th., Dipl.-Ing., Elektrizitätswerk, 860 Mitau, Gräbnerstr. 17, Postfach 103.

Ulrichs, Carl, Dipl.-Ing., Bremen, Waller Heerstraße 48.

Unger, Johannes, Schiffbau-Ingenieur, Bremen, Freibergerstr. 42.

v. Viebahn, Friedrich Wilhelm, Dipl.-Ing., Prokurist der Daimler-Motoren-Gesellschaft, Vorstand der Schiffsmotoren- und Marine-Abteilung, Marienfelde b. Berlin, Parallelstr. 21.

Vogel, Hans, Oberingenieur, Kobe, 110 Kitanocho 4 cheme.

Voges, Hans, Betriebsingenieur, Stettin, Kronen- 865 hofstr. 6.

Vogt, Paul, Werftdirektor a. D., Bremen, Bürgermeister-Smid-Str. 66.

Vollmer, Franz, Schiffbau-Betriebsingenieur der Stettiner Oderwerke, Stettin, Kronenhofstr. 8.

Vollrath, Willibald, Dipl.-Ing., Bremen, Taschenburgstr. 27.

Vos, Bernard, Dipl.-Ing., Chef-Betriebsleiter d. Schiffsbaues beim Etablissement Feyenoord, Rotterdam, Mathenesserlaan 19b.

Voß, Karl, Ingenieur, Warnemünde, Moltkestr. 8. 870

Vossnack, Ernst, Professor a. d. Technischen Hochschule, Delft, Holland.

Vrede, Anton, Dipl.-Ing., Hamburg 19, Weidenstieg 18.

Wach, Hans, Dr.-Ing., Direktor b. Joh. C. Tecklenborg A.-G., Geestemünde.

Waechter, Franz, Schiffbau-Ingenieur und Sachverständiger der Danziger Handelskammer, Danzig, Kohlmarkt 9.

Wagner, Rud., Dr. phil., Schiffsmaschinen- 875 Oberingenieur, Hamburg, Bismarckstr. 105.

Wahl, Gustav, Schiffbau-Oberingenieur, Kiel, Feldstr. 90.

Wahl, Hermann, Marine-Oberbaurat a. D., Ilmenau in Thüringen, Goethestr. 21.

Walcher, Ernst, Marinebaurat, Kiel, Kirchenstr. 3.

Waldmann, Ernst, Dr.-Ing., Hamburg 39, Sierichstraße 30.

Wälde, Rudolf, Dipl.-Ing., Hamburg, Vulkan- 880 Werke, Sierichstr. 160.

Walter, J. M., Ingenieur und Direktor, Saarau, Schlesien, Schloß.

Walter, M., Dr.-Ing., Schiffbau-Direktor, Bremen, Nordd. Lloyd, Zentralbureau.

Wandel, Fritz, Ingenieur, i. Fa. F. Schichau, Elbing, Friedrich-Wilhelm-Platz 16.

Wandesleben, Dipl.-Ing., Essen-Ruhr, Zweigertstraße 2.

Weber, Heinrich, Dipl.-Ing., Marinebaumeister, 885 Berlin-Steglitz, Martinstr. 3.

Wehber, Friedr., Zivilingenieur, Kiel, Ringstr. 55.

Weichardt, Marinebaurat, Bremen, Bürgermeister-Smidt-Str. 59.

Weidehoff, Georg, Ingenieur, Oberingenieur der A. E. G. Turbinenfabrik, Berlin NW 87, Agricolastr. 7.

Weitbrecht, Dr.-Ing., stellvertr. Direktor, Stettin, Vulcanwerft.

890 Wellmann, Max, Ingenieur, Altona - Elbe, Langenfelderstr. 45.

Wendenburg, H., Baurat, Kiel, Lornsenstr. 52.

Werneke, Paul, Oberingenieur u. Bevollmächtigter der Motoren-Werke Mannheim, vorm. Benz & Co., Verkaufsbüro, Hamburg, Lutterothstraße 5.

Werner, Franz, Dr.-Ing., Professor d. Techn. Hochschule Danzig-Langfuhr.

Westphal, Gustav, Schiffbau-Ingenieur, Fried. Krupp A.-G., Germaniawerft, Kiel, Bellmannstraße 15.

895 Wichmann, Fritz, Marinebaurat, Kiel, Feldstraße 144c.

Wiebe, Ed., Schiffsmaschinenbau - Ingenieur, Werft von F. Schichau, Elbing, Sonnenstr. 67.

Wiebe, Th., Schiffsmaschinen-Ingenieur, Büroleiter für Handelsschiffsmaschinenbau, Werft Kiel der Deutschen Werke A.-G.

Wiegand, V., Ober-Ingenieur, Danzig, Schichaugasse 31.

Wiegel, Richard, Ober-Marinebaurat, Berlin W10, Königin-Augustastr. 38/42.

900 Wieler, Ernst, Schiffbau-Ingenieur, Mönkeberg b. Kiel, Haus Strandfrieden.

Wiemann, Paul, Ingenieur und Werftbesitzer, Brandenburg a. H.

Wiesinger, W., Geheimer Marinebaurat, Berlin-Charlottenburg 8, Kaiserdamm 74.

Wiesinger, W., Marinebaurat a. D., Direktor der Frerichs & Co. A.-G., Einswarden i. O.

Wigankow, Franz, Fabrikant, Charlottenburg, Kaiserdamm 30.

905 Wilson, Arthur, Schiffbau-Oberingenieur, Stettin, Dürerweg 35.

Winter, Johann, Ingenieur, Hamburg, Zippelhaus 18, Seeberufsgenossenschaft.

Winter, M., Oberingenieur, Klein-Flottbeck b. Altona, Wilhelmstr. 7.

Wippern, C., Direktor d. techn. Betriebes des Norddeutschen Lloyd, Bremerhaven.

Wischer, Herbert, Regierungsbaurat, Berlin-Zehlendorf-Mitte, Neuestr. 27.

910 Witt, Friedrich, Oberingenieur, Hamburg 19, Bismarckstr. 52.

Witte, Gust. Ad., Schiffbau-Ingenieur, Werft von Heinr. Brandenburg, Blankenese, Strandweg 86.

Wittmaack, H., Dipl.-Ing., Beratender Ingenieur, Berlin-Zehlendorf, Schützstr. 45.

Wittmann, Wilhelm, Marine- u. Regierungsbaurat, Berlin-Südende, Halskestr. 36 I.

Wolfram, Siegfried, Dipl.-Ing., Obering. b. Bremer Vulkan, Vegesack, Weserstr. 65.

915 Wolff, Friedr., Schiffbau-Ingenieur, Neumühlen-Dietrichsdorf (Holstein), Schwentiner - Str. 15.

Wölke, Hermann, Oberingenieur u. Prokurist der „Weser"-Handelsgesellschaft, Bremen, Delmestraße 83.

Worsoe, Wilh., Ingenieur, Germaniawerft, Kiel, Lerchenstr. 7.

Wulff, D., Ober-Inspektor der D. D.-Ges. Hansa, Bremen, Altmannstr. 34.

Wurm, Erich, Marinebaurat, Wilhelmshaven, Adalbertstr. 32.

920 Wustrau, H., Marinebaurat, Berlin-Wilmersdorf, Westphälische Str. 82.

Zeiter, F., Professor an den technischen Lehranstalten, Bremen, Bülowstr. 22.

Zeitz, Direktor, Hamburg 39, Flemingstr. 8.

Zelle, Otto, Technischer Direktor, Astilleros, Grao de Valencia, Spanien.

Zeyss, Georg Edgar, Dr.-Ing., Direktor der Gesellsch. für Schiffsausrüstung und Davitbau, Hamburg 23, Eilbektal 2.

925 Zickerow, Karl, Schiffbau-Oberingenieur bei der Lübecker Maschinenbau-Ges., Lübeck, Schönbekener Str. 24.

Ziegelasch, Dipl.-Ing., Direktor d. Naval Union de Levante S. A. Madrid, General Oráa 9.

Ziehl, Emil, Direktor, Berlin-Weißensee, Große Seestr. 5.

Zimmermann, Erich, Dr.-Ing., Marinebaurat a. D., Oberingenieur b. d. Deutschen Werken A.-G., Werk Rüstringen, Wilhelmshaven, Bismarckstr. 110.

Zimnic, Josef Oscar, Marine-Oberingenieur, Wiener-Neustadt, Mühlgasse 11.

930 Zöpf, Th., Schiffsmaschinenbau-Ingenieur, Kiel-Wellingdorf, Gabelsbergerstr. 35.

Züblin, Carl, Dipl.-Ing., Geschäftsführer u. Normenschriftleiter des Handelsschiffs-Normen-Ausschusses, Hamburg 13, Beneckestr. 20c.

5. Mitglieder.

a) Lebenslängliche Mitglieder:

Andreae, Enno, Gesellschafter u. Geschäftsführer der deutschen Bitnamel Gesellschaft m. b. H., Hamburg, Wandsbeker Chaussee 18.

Arndt, Alfred, Dipl.-Ing., Prokurist der Firma Eisenwerk Gebr. Arndt, G. m. b. H., Berlin W 35, Kurfürstenstr. 53.

Arnhold, Eduard, Geheimer Kommerzienrat, Berlin W 8, Französische Str. 60/61.

935 Ardelt, Paul, Direktor der Ardeltwerke, G. m. b. H., Eberswalde.

Ardelt, Robert, Direktor der Ardeltwerke, G. m. b. H., Eberswalde.

v. Bardeleben, Dr. Professor, Berlin W 15, Kurfürstendamm 63.

Benson, Arthur, Direktor d. Hammar & Co., G. m. b. H., Hamburg, Neuer Wall 75.

Bergmann, Siegmund, Dr.-Ing., Geh. Baurat, Generaldirektor der Bergmann-Elektr.-Werke, Berlin N 65, Oudenarder Str. 23/32.

940 Böhmer, H. W., Kaufmann, Hamburg, Gr. Reichenstr. 63.

Böninger, Carl F., Direktor der S. K. F. Norma, G. m. b. H., Berlin - Grunewald, Menzelstraße 13/15.

v. Borsig, Ernst, Kommerzienrat und Fabrikbesitzer, Berlin N 4, Chausseestr. 6.

Brügmann, Wilh., Kommerzienrat, Hüttenbesitzer und Stadtrat, Kassel, Ulmenstraße 12 1/2.

Buchloh, Hermann, Reeder, Mülheim-Ruhr, Friedrichstr. 26.

945 Bündgens, Anton, Teilhaber von Bohn & Kähler, Kiel, Niemannsweg 137.

Claussen, Carl Fr., Kaufmann, Gr. Flottbeck-Othmarschen, Dürerstr. 8.

Cuno, Wilhelm, Dr., Geh. Oberregierungsrat a. D., Generaldirektor d. H. A. L., Hamburg, Alsterdamm 25.

Ehrhardt, Theodor, Ingenieur und Fabrikbesitzer, Vorstandsmitglied der Ehrhardt & Sehmer A.-G., Saarbrücken, Winterbergstr. 24.

Enström, Axel, Dr. phil., Kommerzienrat, Stockholm, Grevturegatan 24.

950 Falk, Hans, Ingenieur, Düsseldorf, Bachstr. 15.

Fehlert, Carl, Dipl.-Ing. und Patentanwalt, Berlin SW 61, Belle-Alliance-Platz 17.

Flohr, Carl, Dr.-Ing., Kommerzienrat u. Fabrikbesitzer, Berlin N 4, Chausseestr. 35.

Forstmann, Erich, Kaufmann, i. Fa. Schulte & Schemmann und Schemmann & Forstmann, Hamburg, Neueburg 12.

Fröhlich, Theodor, Maschinenfabrikant, Berlin NW 7, Dorotheenstr. 35.

955 Froriep, Otto, Dr., Fabrikbesitzer, Rheydt, Steinstr. 2.

Geßler, Otto, Dr., Oberbürgermeister, Nürnberg.

Gilles, Alfred, Hüttendirektor, Mülheim-Ruhr, Scheffelstr. 7.

Grünthal, Ingenieur und Mitbesitzer der Eilenberg-Moenting & Co. m. b. H., Schlebusch-Monfort, Düsseldorf, Lindemannstr. 8.

Grutzner, Fritz, Konsultierender Ingenieur, c/o Fairbancks, Morse & Co., Beloit, Wis. U. S. A.

960 v. Guilleaume, Arnold, Kommerzienrat, Köln, Sachsen-Ring 73.

v. Guilleaume, Max, Kommerzienrat, Remagen a. Rh., Haus Calmuth.

Harder, Hans, Berlin-Britz, Jahnstr. 74

Hemsoth, Wilhelm, Reeder, Hamburg, Schauenburgerstr. 37.

Heineken, Phil., Dr.-Ing., Präsident des Norddeutschen Lloyd, Bremen.

965 Herken, Emil, Direktor der Oberschlesischen Eisen-Industrie A.-G. für Bergbau u. Hüttenbetrieb, Zweigstelle Berlin SW 68, Alte Jakobstraße 156/157.

Hirsch, Siegmund, Vorstand der Hirsch, Kupfer- u. Messingwerke A.-G., Berlin NW 7, Neue Wilhelmstr. 9/11.

Jacobi, C. Adolph, Konsul, Bremen, Osterdeich 61.

Jercke, Otto, Direktor, Wien I, Franz-Josefs-Kai 7/9.

Johnson, Axel Axelsen, General-Konsul, Stockholm, Wasagatan 4.

970 Johnson, Gustav John, Dr. jur., Kriegsgerichtsrat, Stockholm, Jakobsgatan 28.

Johnson, Helge Ax:son, Hovjägmästare, Stockholm, Hovslagaregatan 5.

Jucho, Heinr., Dr.-Ing., Fabrikbesitzer, Dortmund, Weißenburger Str. 76.

Karcher, Carl, Reeder, i. Fa. Raab, Karcher & Co., G. m. b. H., Mannheim P. 7. 15.

Kiep, Johannes N., Deutscher Konsul a. D., Ballenstedt (Harz), Haus Kiep.

975 Kosche, Arno, Direktor der Nordsee-Handels-A.-G., Wellingsbüttel-Hoheneichen, Post Hamburg-Fuhlsbüttel.

Krupp von Bohlen und Halbach, Dr. phil., Außerordentlicher Gesandter und bevollmächtigter Minister, Essen-Ruhr, Villa Hügel.

Kubatz, Alfred, Dr., Inh. d. Schiffs- u. Abwrackwerft, Berlin W 35, Lützowstr. 89/90.

Küchen, Gerhard, Dr., Kommerzienrat, Mülheim a. d. Ruhr.

Küwnik, Franz A., Kapitän, 928 Hudsonstreet, Hoboken, N.-J.

980 Lehmann, Bruno, Stahlwerks-Direktor, Berlin-Lichterfelde, Dahlemer Str. 62.

v. Linde, Carl, Dr., Dr.-Ing., Geheimer Hofrat, Professor, München, Heilmannstr. 17.

Lindquist, Erik Gustav Werner, Zivilingenieur, Kungl. Tekniska Högskolan, Valhellevigen, Stockholm.

Ljungmann, Andreas, Dipl.-Ing., Direktor d. Bergsunds Mekaniske Verkstatts A.-B., Stockholm, Hjorthagsvägan 15.

Loesener, Rob. E., Schiffsreeder, i. Fa. Rob. M. Sloman & Co., Hamburg, Alter Wall 20.

985 Märklin, Ad., Kommerzienrat, Goslar, Wallstr. 5.

Meister, Carl, Direktor der Schiffs- u. Maschinenbau-A.-G., Mannheim.

Moleschott, Carlo H., Ingenieur, Konsul der Niederlande, Rom, Via Volturno 58.

Monfort, Jos., Ingenieur und Maschinenfabrik-Besitzer, M.-Gladbach.

Müller, Paul, H., Dr.-Ing., Hannover, Harnischstraße 10.

990 Oppenheim, Franz, Dr. phil., Fabrikdirektor, Wannsee, Friedrich-Carl-Str. 24.

v. Parseval, August, Professor, Major z. D., Charlottenburg, Niebuhrstr. 6.

Pekrun, Hermann, Ingenieur und Fabrikbesitzer, Coswig in Sachsen.

Petersen, Boye, Reederei-Inspektor bei F. Laeisz, Hamburg, Trostbrücke 1.

Pfeiffer, W., Kommerzienrat, Düsseldorf, Hofgartenstr. 12a.

995 Pohlmann, Ludwig, Kaufmann, Hamburg, Neue Burg 22.

Ravené, Louis, Geheimer Kommerzienrat, Dr. phil., Berlin C 19, Wallstr. 5—8.

Ravené, Peter, Prokurist der Ravenéschen Firmen, Berlin C 19, Wallstr. 5—8.

Reinhold, Ernst, Dr., Inhaber der Berliner Asbest-Werke, Fabrikbesitzer, Berlin-Reinickendorf-Ost, Graf Rödernallee 76/78.

Rickmers, P., Generaldirektor der Rickmers Reederei & Schiffbau A.-G., Bremerhaven.

1000 Riedler, A., Dr., Geh. Regierungsrat und Professor, Berlin-Charlottenburg, Techn. Hochschule.

Roer, Paul G., Generaldirektor a. D., Potsdam, Schließfach 27.

Rosenbaum, Bruno, Dipl.-Ing., Direktor der Erich F. Huth G. m. b. H., Berlin SW 47, Wilhelmstr. 130—132.

Rottgardt, Karl, Dr., Geschäftsführer, Berlin-Dahlem, Fontanestr. 14.

Scheld, Theodor Ch., Technischer Leiter der Firma Th. Scheld, Hamburg 11, Elbhof.

1005 Schnaas, Eugen, Generaldirektor, Berlin W 8, Taubenstr. 44/45.

v. Selve, Walter, Dr.-Ing., Fabrikant und Rittergutsbesitzer, Altena i. W., Villa Alpenburg.

von Skoda, Karl, Freiherr, Ing., Pilsen, Ferdinandstr. 10.

Sloman, Fr. L., Reeder, Berlin-Charlottenburg 2, Bismarckstr. 109.

Solmssen, Georg, Dr., Geschäftsinhaber der Disconto-Gesellschaft und Direktor der A. Schaaffhausen'schen Bankverein A.-G., Berlin W 8, Unter den Linden 35.

1010 Stahl, H. J., Dr.-Ing., Kommerzienrat, Düsseldorf, Sybelstr. 17.

Stangen, Carl, Gutsbesitzer, Rittergut Altbärbaum, Post Pielburg.

Stangen, Ernst, Kommerzienrat, Berlin W 10, Matthäikirchstr. 31a.

Temmler, Hermann, Kommerzienrat, Fabrikbesitzer, Kgl. bulgarischer Generalkonsul, Detmold.

Traun, H. Otto, Dr., Fabrikant, Hamburg, Meyerstr. 60.

Wallmann, Carl, Hüttendirektor, Mühlheim 1015 a. Ruhr, Ruhrstr. 5.

Werner, Julius, Gesellschafter und Geschäftsführer der deutschen Bitunamel-Gesellschaft m. b. H., Hamburg, Ludolfstr. 42.

Wille, Eduard, Fabrikant, Cronenberg (Rhld.), Herichhauser Str. 30.

Zeise, Peter Theodor, Fabrikbesitzer, i. Fa.. Theodor Zeise, Altona, Palmaille 43.

b) Ordnungsmäßige Mitglieder:

Ahlborn, Friedrich, Dr. phil., Professor, Oberlehrer, Hamburg 22, Uferstr. 23.

1020 Ahlers, Karl, Kaufmann und Reeder, Bremen, Holzhafen, Platz 8a.

Ahlfeld, Hans, Oberingenieur der A. E. G., Bahrenfeld bei Hamburg, Giesestr. 51.

Amsinck, Arnold, Vorsitzender des Vorstandes der Woermann-Linie A.-G. und der Deutschen Ostafrika-Linie, Hamburg, Afrikahaus.

Amsinck, Th., Direktor der Hamburg-Südamerikan. Dampfschiffahrts-Gesellschaft, Hamburg, Holzbrücke 8 I.

Andreae, Max P., Dipl.-Ing., Hamburg, Alsterchaussee 20.

1025 Anger, Paul, Oberingenieur, Kiel, Beselerallee 59a.

Anrecht, Heinrich, Oberingenieur, Mannheim, Luisenring 17.

Ansorge, Martin, Ingenieur, Berlin-Wilmersdorf, Nikolsburger Str. 6.

Arp, H. F. C., Reeder, Hamburg, Mönckebergstraße, Haus Roland.

Asbeck, G., Direktor, Düsseldorf-Rath, Wahler Straße 34.

1030 Auerbach, Erich, Direktor der Rheinmetall Edelstahl-Vertriebs-G. m. b. H., Dresden-A., Sidonienstr. 25.

Aufhäuser, Dr. phil., beeidigter Handelschemiker, Hamburg, Dovenfleeth 20.

Avé-Lallemant, Hans, Direktor, Stettin, Graßmannweg 9.

Axelrad, H. E., Dipl.-Ing., Charlottenburg, Kantstr. 3.

von Bach, C., Dr.-Ing., Exzellenz, Staatsrat, Professor a. d. Technischen Hochschule in Stuttgart, Stuttgart, Johannesstr. 53.

1035 Bach, Julius, Professor d. techn. Staatslehranstalten, Chemnitz, Helenenstr. 42.

Baierle, Ivo, M., Kapitän, Lübeck, Lessingstr. 6.

Banner, Otto, Dipl.-Ing., Ingenieur, Milwaukee, Wis., 3703, Highland Boulevard.

Banning, Heinrich, Fabrikdirektor, Hamm i. Westf., Moltkestr. 7.

Barckhan, Paul, Kaufmann, Bremen, Langenstraße 5/6.

1040 Bartling, W., Kapitän, Direktor der Fa. Hugo Stinnes, Hamburg, Jungfernstieg 30.

Bartsch, Carl, Direktor des „Astillero-Behrens", Valdivia, Chile.

Bauermeister, Hermann, Dipl.-Ing., technischer Referent beim Sperrversuchskommando, Kiel, Düppelstr. 8.

Baurichter, Emil, Direktor, Berlin W 8, Behrenstr. 58.

Becker, Erich, Fabrikbes., Berlin-Reinickendorf-Ost, Graf-Roedern-Allee 18—24.

Becker, J., Fabrikdirektor, Kalk b. Köln a. Rh., 1045 Kaiserstr. 9.

Becker, Julius Ferdinand, Schiffbau-Ingenieur, Glücksburg (Ostsee).

Becker, Ludwig, Dipl.-Ing., Direktor u. Vorstandsmitglied der Deutschen Werke A.-G., Werk Rüstringen, Wilhelmshaven, Wallstr. 15.

Becker, Th., Oberingenieur, Berlin NO 18, Elbinger Str. 14.

Beckh, Georg Albert, Kommerzienrat und Inhaber der Mammutwerke, Nürnberg, Sulzbacher Str. 37.

Beckh, Otto, Dipl.-Ing. und Oberingenieur, 1050 Berlin-Friedenau, Kaiserallee 138.

Beckmann, Erich, Dr.-Ing., Professor der Techn. Hochschule, Hannover, Oeltzenstraße 19.

Beeken, Hartwig, Kaufmann, i. Fa. D. Stehr, Hamburg 39, Flemingstr. 13.

Behm, Alexander, Physiker, Kiel, Hardenbergstraße 31.

Behm, Georg, Dr., Direktor der Neuen Dampfer-Compagnie, Stettin.

Behncke, Paul, Exz., Admiral a. D., Berlin W 10, 1055 Königin-Augusta-Straße 38—42.

Beikirch, Franz Otto, Direktor der Firma Gruson & Co., Magdeburg-Buckau, Feldstr. 37—43.

Benkert, Hermann, Direktor, Harburg a. E., Akazienallee 10.

Berg, Fritz, Hüttendirektor, Godesberg III, Haus Berg.

Bergmann, Otto, Maschb.-Ingenieur, Kiel, Schützenwall 65.

Bergner, Fritz, Geschäftsführer der Temper- 1060 und Stahl-Gießerei August Engels, Velbert, Rhld., Schloßstr. 42.

Bergsma, G. Hermann E., Direktor im Kgl. Patentamt, Haag, Juliana-van-Stolberglaan 76.

Bertens, Eugen, Ingenieur d. Chilenischen Kriegsmarine, Dique de Carcna, Talcahuano, Chile.

Bernigshausen, F., Direktor, Berlin W 51, Kurfürstendamm 132.

Bier, A., Amtlicher Abnahme-Ober-Ingenieur, Saarbrücken 3, Goethestr. 6.

Bierans, S., Ingenieur, Bremerhaven, Siel- 1065 straße 34, I.

Bierwes, Heinrich, Generaldirektor, Düsseldorf, Pempelforter Str. 11.

Blomberg, Hjalmar, Generaldirektor, Halmstadt, Schweden, Hallands Angbats-Aktiebolag.

Bluhm, E., Fabrikdirektor, Berlin S 42, Ritterstraße 12.

Blumenfeld, Bd., Kaufmann und Reeder, Hamburg, Dovenhof 77/79.

Bode, Alfred, Direktor, Hamburg, Lenhartzstr. 13. 1070

Bögel, W., Hüttendirektor, Godesberg, Kurfürstenstr. 12.

Böger, Marius, Vorsitzender d. Vorstandes d. Deutsch-Australischen Dampfschiffahrts-Gesellschaft und der Deutschen Dampfschifffahrts-Gesellschaft Kosmos, Hamburg 11, Trostbrücke 1.

Bohlen, Lothar, Kaufmann, Hamburg, Gr. Reichenstr. 27, Afrikahaus.

Bohn, Friedrich, Fabrikant, Malente-Gremsmühlen, Gut Rodensemde.

1075 Bohn, Karl, Direktor, Kiel, Düppelstr. 27

Boner, Franz A., Dr. jur., Dispacheur, Berlin, Südende, Parkstr. 18.

Borbet, Walter, Generaldirektor des Bochumer Vereins für Bergbau u. Gußstahlfabrikation, Bochum.

Borck, Hermann, Dr. phil., Ingenieur der Fliegertruppe, Berlin NW 23, Händelstr. 5.

v. Born, Theodor, Korvetten-Kapitän a. D., Hochkamp, Bez. Hamburg, Kaiser-Wilhelm-Str.

1080 v. Borsig, Conrad, Dr.-Ing., Geh. Kommerzienrat u. Fabrikbesitzer, Berlin N 4, Chausseestraße 13.

Bothe, W., Schiffsingenieur, Hamburg 31, Lappenbergsallee 23.

Böttcher, A., Direktor der Maschinenbau A.-G. Tigler, Duisburg, Meiderich; Berlin-Zehlendorf-West, Dessauer Str. 10.

Böttcher, Karl, Oberingenieur, Duisburg, Karl-Lehr-Str. 13.

Brandenburg, Jacob, Oberingenieur der Gutehoffnungshütte, Sterkrade, Rheinland.

1085 Braumüller, Walter, Oberregierungsrat, Berlin-Zehlendorf-West, Forststr. 12.

Braun, Harry, Dipl.-Ing. u. Mitbes. d. Werkzeugmaschinen-Fabrik und Eisengießerei J. C. Braun, Reichenbach i. Vogtl., Lessingstr. 2.

Bredow, Hans, Staatssekretär i. Reichspostministerium, Berlin-Dahlem, Miquelstr. 92.

Brennecke, Rudolf, Dr.-Ing., Generaldirektor d. Oberschlesisch. Eisenbahn-Bedarfs A.-G., Gleiwitz 2, Niedstr. 4.

Bresina, Richard, Generalvertreter für Nord- u. Mitteldeutschland der A.-G. vorm. Skodawerke in Pilsen, Prag, Bremen, Contrescarpe 46 I.

1090 Brieger, Heinrich, Kaufmann, Hamburg, Ferdinandstr. 63 I.

Brinker, Richard, Generaldirektor der Stahlschmidt-Werkzeugkompagnie, Commandit-Ges., Cronenfeld-Hahnerberg-Kaisergarten (Rhld.).

Broström, Dan., Schiffsreeder, Göteborg.

Bruhn, Bruno, Dr. phil., Direktor der Fried. Krupp A.-G., Essen a. d. Ruhr.

Brunn, Alfons, Fabrikdirektor, Borsigwalde, Spandauer Str.

1095 Brunner, Karl, Ingenieur, Neckargemünd, Bahnhofstr. 62.

Bub, Fritz, Schiffbau-Ingenieur, Hamburg, Malzweg 3 II.

Budde, H., Ingenieur, Bremen, Osterthorsteinweg 95.

Budczies, Friedrich, Dipl.-Ing. b. Vulcan, Stettin, Am Königstor 9.

Bühring, John Charles, Fabrikant, Hamburg 1, Spalding-Str. 21/23.

1100 Bündgens, Franz, Vizekonsul, Fabrikbesitzer, Kiel, Niemannsweg 137.

Burgmann, Robert, Dr.-Ing., Inhaber der Asbest Werke Feodor Burgmann, Dresden-Laubegast.

Busch, Jacob, Oberingenieur, Harburg a. E., Ernststr. 9.

Buschfeld, Wilh., Direktor, Fried. Krupp A.-G., Essen-Bredeney.

v. Busse, Andreas, Vertreter d. Linke-Hofmann-Werke, Hamburg, Mönckebergstr. 13.

1105 Busse, Hugo, Dipl.-Ing., Direktor der Schiffswerft u. Maschinenfabrik Gebr. Sachsenberg A.-G., Roßlau a. E., Hauptstr. 117.

Bütow, Emil, Ingenieur, Hamburg, Deichstr. 29.

Buz, Richard, Kommerzienrat, Direktor der Masch.-Fabr. Augsburg-Nürnberg A.-G., Augsburg.

Calmon, Alfred, Dr.-Ing., Generaldirektor, Asbest- und Gummiwerke, Akt.-Ges., Hamburg.

Canaris, Karl, Dr.-Ing., Generaldirektor, August-Thyssen-Hütte, Charlottenburg, Kaiserdamm Nr. 34.

1110 Caspary, Emil, Dipl.-Ing., Marienfelde bei Berlin.

Castens, G., Dr., Regierungsrat, Hamburg IX, Deutsche Seewarte.

Cellier, A., Schiffsmakler, Hamburg, Gröninger Str. 24/25.

Christink, Bernh., Dipl.-Ing., Bremen, Georgstraße 17.

Clouth, Max, Fabrikant, Köln-Nippes, Niehler Straße 93.

1115 Coppel, C. G., Fabrikant, Düsseldorf, Schumannstraße 16.

Crass, Paul, kaufm. Direktor der Germania-Werft, Kiel-Gaarden.

Cropp, Johs., Direktor der deutschen Schiffahrts-Gesellsch. „Kosmos", Hamburg 39, Willistraße 33.

Cruse, Hans, Dr. phil., Ingenieur, Pichelsdorf bei Spandau, Dorfstr. 36.

Dahl, Hermann, Ingenieur und Direktor der Gesellschaft für moderne Kraftanlagen, Berlin W 62, Maaßenstr. 37.

1120 Dahlström, Axel, Direktor der Reederei Akt.-Ges. von 1896, Hamburg, Steinhöft 8/11, Elbhof.

Dahlström, F. W. A., Direktor der Reederei Aktien-Gesellschaft von 1896, Hamburg, Alsterufer 33.

Damm, Franz, Direktor, Berlin-Lichterfelde, Geibelstr. 7.

v. Dapper-Saalfels, Carl, Dr. med., Professor, Geheimer Medizinalrat, Bad Kissingen.

Deichsel, A., Kommerzienrat, Berlin-Grunewald, Hubertusbader Str. 17/19.

1125 Deutsch, Felix, Dr.-Ing., Geh. Kommerzienrat, Direktor d. A. E. G., Berlin NW 40, Friedrich-Karl-Ufer 2—4.

Dieckhaus, Jos., Kommerzienrat, Fabrikbesitzer und Reeder, Papenburg a. Ems.

Diederichsen, G., jr., Kaufmann, Hamburg, Rotenbaumchaussee 153a.

Dieterich, Georg, Direktor, Berlin W 9, Linkstraße 29.

Dietrich, Alfred, Oberingenieur d. Maschinenfabrik Schieß A.-G., Düsseldorf, Hüttenstr. 152.

1130 Dietrich, Karl, Torp.-Kapitänleutnant a. D., Teilhaber d. Sprengindustrie G. m. b. H., Düsseldorf 48, Bachstr. 15.

Dietrich, Otto, Fabrikbesitzer, Berlin-Charlottenburg, Potsdamer Str. 35.

Dietze, Carl, Oberingenieur, Chemnitz, Hauptpostlagernd.

Dittmers, Ludwig, Kaufmann, Hamburg, Boltenhof, Admiralitätsstr. 33/34.

Dittrich, Reinh., Dipl.-Ing., Hamburg 13, Am Schlump 2.

1135 Dodillet, Richard A., Oberingenieur, Berlin W 15, Uhlandstr. 43.

Döhne, Ferd., Direktor d. Maschinenfabrik vorm. Hartmann, Chemnitz.

v. Dojmi, Carl, Major a. D., Kaufmann, Hamburg, Mittelweg 16.

Dörken, Georg Heinrich, Teilhaber der Fa. Gebr. Dörken, Gevelsberg i. W., Mittelstr. 18.

Dransfeld, Wilh. Fr., Kaufmann, Kiel, Hohenbergstr. 17.

1140 Dreyer, Richard, Dipl.-Ing., Fabrikant, Hannover, Leisewitzstr. 50.

Droth, Alfred, Dipl.-Ing., Patentanwalt, Essen-Ruhr, Hufelandstr. 19.

Duschka, H., Fabrikant, i. Fa. F. A. Sening, Hamburg 37, Brahmsallee 83.

Dücker, A., Kapitän, stellv. Direktor der Woermann-Linie und der Deutschen Ostafrika-Linie, Hamburg, Afrikahaus, Gr. Reichenstr.

Düring, Franz, Ingenieur, Luzern, Theaterstraße 16.

1145 Düvel, Friedrich, Ingenieur, Hamburg 1, Brandsende 12.

Eckmann, C. John, Maschinen-Inspektor der Deutsch-Amerikan. Petrol.-Ges., Hamburg, Neuer Jungfernstieg 21.

Edye, John Alfred, Reeder, Hamburg, Baumwall 3.

Ehlers, Otto, Oberingenieur, Stettin, Schillerstraße 11.

Ehlers, Paul, Dr. jur., Rechtsanwalt, Hamburg, Adolphsbrücke 9.

1150 Eilender, N., Dipl.-Ing., Direktor der Stahlwerke Rich. Lindenberg A.-G., Remscheid, Eberhardstr. 26.

Eisermann, Rud., Direktor, Berlin-Tempelhof, Saalburgstr.

Ekmann, Gustav, Ehrendoktor, Göteborg, Mek. Verkstad.

Emden, Paul, Dr., Fabrikdirektor, Schwanden (Glarus), Schweiz.

Emmerich, Ernst, Oberingenieur d. Fa. Fried. Krupp A.-G., Essen-Ruhr, Gußstahlfabrik.

1155 Engelhard, Arnim, Ingenieur, i. Fa. Collet & Engelhard, Offenbach a. M.

Engelke, Felix, Direktor, Berlin-Schöneberg, Innsbrucker Str. 42.

Erb, Adolf. Ingenieur, Hagen i. Westf., Fleyerstraße 26·I.

Ericson, Hans, Generaldirektor der Rederiaktiebolag „Svea", Stockholm, Skeppsbron 30.

Ermler, Richard, Ingenieur, Werkzeugmasch.-Fabrik, Berlin N 20, Schwedenstr. 11.

1160 Eschenburg, Hermann, Kaufmann, Lübeck, Am Burgfeld 4.

Essberger, J. A., Direktor der Elektrizitätsges. für Kriegs- und Handelsmarine, Berlin-Schöneberg, Frh.-v.-Stein-Str. 5.

Eurich, Karl, Dr.-Ing., Fabrikdirektor d. Fa. Fichtel & Sachs, Schweinfurt, Luitpoldstr. 62.

Evers, Karl, Kaufmann, Prokurist, Stettin, Steinstr. 4.

Eversbusch, Ernst, Direktor d. Werft A.-G., Speyer.

1165 Eyermann, Wilh., Studienrat, beratender Ingenieur, Magdeburg, Tauentzienstr. 8.

Faber, Theodor, Generaldirektor, Zielenzig, Breitestr. 375.

Fabig, Hermann, Dipl.-Ing., Direktor der Bonner Maschinen-Fabrik Mönckemöller G. m. b. H., Hamburg. Isestr. 41 II.

Fasbender, Heinrich, Vertreter von Gebr. Böhler & Co., A.-G., Hamburg, Hagenau 28.

Fehling, W., Vorstandsmitglied der Woermann-Linie A.-G., und der Deutschen Ost-Afrika-Linie, Hamburg, Afrikahaus, Gr. Reichenstr.

1170 Felsing, Wilhelm, Ingenieur, Hamburg 5, Gr. Allee 39.

Fendel, Fritz, Direktor der Rheinschiffahrt-Aktiengesellschaft vorm. Fendel, Mannheim, Hafenstr. 6.

Ferber, Constantin, Fregattenkapitän a. D., Berlin W 30, Habsburgerstr. 10.

Filius, Carl, Direktor, Duisburg, Schweizerstraße 41.

Fischbeck, Norman, Fabrikbesitzer Kiel, Esmarchstr. 12/14.

1175 Fischer, Ernst, Ingenieur, Danzig, Hansaplatz 11.

Fischer, Hans, Torp.-Kapitänleutnant a. D., Teilhaber der Sprengindustrie G. m. b. H., Wilhelmshaven, Kronprinzenstr. 9.

Fischer, Heinrich, Fabrikbesitzer, Stettin-Grabow, H. E. Fischer G. m. b. H.

Fischer-Schierholz, H. A., Hamburg 39, Sierichstr. 138.

Fleck, Richard, Fabrikbesitzer, Berlin N 4, Chausseestr. 29 II.

1180 Flesch, Leo, Techn. Direktor, Elberfeld, Burgholzstr. 68.

Flick, Fr., Hüttendirektor, Vorstandsmitglied der A.-G., Charlottenhütte in Niederschelden (Sieg).

Förster, Georg, i. Fa. Emil G. v. Höveling, Altona-Othmarschen, Böcklinstr. 3.

Frank, Paul, Arch. u. Baustoffsachverständiger, Hamburg 1, Bieberhaus.

Franke, Walter, Direktor d. Mansfeldschen Metallhandel A.-G., Berlin W. 62, Kleiststr. 43.

1185 Franz, Kapitän z. S., Oberwerftdirektor, Wilhelmshaven.

Freund, Walter, Ingenieur, Direktor der Max Hasse & Co. A.-G., Berlin W 9, Königin-Augusta-Str. 12.

Freywald, Carl, Oberingenieur, Magdeburg, Hallesche Str. 27.

Fritz, Heinrich, Oberingenieur, Elbing, Brandenburgstr. 10.

Fritze, Joh., Ingenieur, Direktor, Dresden, Stephanienstr. 20.

1190 Frölich, Fr., Dipl.-Ing., Geschäftsführer des Vereins Deutscher Maschinenbau-Anstalten, Berlin NW 7, Sommerstr. 4 a.

Früh, Karl, Dipl.-Ing., Oberingenieur b. Prof. Junkers, Dessau, Friedrichsallee 38.

Frühling, Curt, Regierungsbaumeister, Braunschweig, Löwenwall 14.

Funck, Carl, Kaufmann, Elbing, Friedrich-Wilhelms-Platz 18.

Gaa, Carl, Dr.-Ing., Direktor der Brown, Boverie & Cie. A.-G., Mannheim-Käferthal.

1195 Gaartz, Paul, Oberingenieur, Kiel, Hafenstr. 20.

Galli, Johs., Hüttendirektor a. D., Geheimer Bergrat, Professor für Eisenhüttenkunde a. d. Bergakademie Freiberg i. Sa.

Ganssauge, Paul, Teilhaber der Firma F. Laeisz, Hamburg, Trostbrücke 1.

Gentsch, Wilhelm, Geheimer Regierungsrat, Berlin-Wilmersdorf, Brandenburgische Str. 24.

George, Carl, Ober-Ingenieur u. Maschinen-Inspektor der Hamburg-Südamerikanischen Dampfschiffahrts-Ges., Hamburg, Schäferkamp-allee 39.

1200 Gerhards, Max, Marine-Oberingenieur, Kiel, Lübecker Chaussee 2.

Gerhardy, Franz, Dipl.-Ing., Charlottenburg, Herderstr. 8 III.

Gess, F., Dr., Geh. Hofrat, Professor a. d. Techn. Hochschule, Dresden-A., Reichenbachstr. 59.

Geyer, Wilh., Regierungsbaumeister a. D., Berlin-Südende, Oehlertstr. 28.

Giese, Georg, Kaufmann, Hamburg, Brahms-allee 27.

1205 Glässel, F., Direktor der Roland-Linie A.-G., Bremen.

Glitz, Erich, i. Firma Otto Wolff, Cöln a. Rh., Zeughausstr. 2.

Gloth, Friedrich, Ingenieur, Berlin-Wilmersdorf, Rüdesheimer Str. 3.

Glüer, Bruno, Korvetten-Kapitän a. D., Berlin, Schöneberger Ufer 31.

Goedhart, Leonard, Direktor der Gebrüder Goedhart A.-G., Düsseldorf, Im Rottfeld 7.

1210 Gödecken, Ernst, Dipl.-Ing. des Schiffbau-fachs, Hamburg-Groß-Borstel, Klotzenmoor 1.

Goldenberg, Rudolf, Dr. jur., Notar, Hamburg, Gr. Burstah 4.

Goldschmidt, Siegfried, Dr., Geschäftsführer d. Verbandes Deutscher Schiffsmakler, Berlin W 10, Königin-Augusta-Str. 20.

v. d. Goltz, Rüdiger, Freiherr, Korvettenkapitän a. D., Potsdam, Russische Kolonie 3.

Göllner, Albert, Direktor, Berlin-Lichtenrade, Berliner Str. 124.

1215 Göricke, Alfred, Kaufmann, Berlin-Friedenau, Schwalbacherstr. 6.

Göricke, Erwin, Fabrikant u. Ingenieur, Berlin NW 87, Tilo-Wardenberg-Str. 15.

Görtz, Heinr., Dr. jur., Rechtsanwalt u. Notar, Lübeck, Kohlmarkt 7/11.

Goßler, Oskar, Inhaber d. Fa. John Monning-ton, Hamburg 11, Rödingsmarkt 58.

Graef, O., Walzwerkdirektor a. D., Lippstadt i. W.

1220 Grattenauer, A., Ingenieur, Deutsche Dampf-schiffahrts-Ges. „Hansa", Bremen, Schlachte 6.

Graupe, Adolf, Direktor d. Siemens-Schuckert-Werke, Charlottenburg, Königin-Luise-Str. 10.

Greiser, G., Fabrikbesitzer, i. Fa. Greiserwerke G. m. b. H., Metallwarenfabrik, Hannover, Angerstr. 11/14.

Gribel, Ed., Reeder, Stettin, Gr. Lastadie 56.

Gribel, Franz, Reeder, Stettin, Gr. Lastadie 56.

1225 Grosse, Carl, Kaufmann, Hamburg 1, Möncke-bergstr. 1.

Grube, Diedr., Zivilingenieur, Bremen, Wieland-straße 10.

Grube, Edwin, Direktor der Schichauwerft, Danzig.

Grünwald, Siegfr., Schiffahrts-Direktor, Dresden, Permoserstr. 13 I.

de Gruyter, Dr. Paul, Stadtrat, Fabrikbesitzer, Wusterhausen a. Dosse, Schloß Bantikow.

1230 Gürtler, Robert, Fabrikdirektor, Rheinische Elektrostahlwerke Schöller, von Einem & Co., Bonn.

Guthknecht, Dipl.-Ing., Patentanwalt, Dort-mund, Brückstr. 2.

Haack, Heinr. Chr., Schiffsmaschinenbau-In-genieur, Hamburg, Tonndorferstr. 8.

Haarmann, Ewald, Marine-Stabsingenieur, Kiel-Wieck, Kadettenschule.

Habich, Paul, Regierungsbaumeister a. D., Direktor der Aktien-Gesellschaft für über-seeische Bauunternehmungen, Berlin-Schöne-berg, Freiherr-v.-Stein-Str. 2, III.

Hackelberg, Eugen, Kaufmann, Berlin-Char- 1235 lottenburg, Knesebeckstr. 85.

Haendler, Edmund, Kaufmann, Mannheim, Ob. Lindenpark 14.

Hahn, Georg, Dr. phil., Fabrikbesitzer, Berlin W 10, Tiergartenstr. 21.

Hahn, Willy, Dr., Justizrat, Berlin W 62, Lützow-Platz 2.

Hahnemann, W., Ing., Direktor der Signal G. m. b. H., Kiel, Habsburger-Ring, Werk Ravensberg.

Haller, M., Direktor der Firma Siemens & Halske 1240 A.-G. und der Siemens-Schuckertwerke m. b. H. Berlin-Grunewald, Hagenstr. 73.

Hammar, Birger, Kaufmann, Stockholm 15, Västra Trädgårdsgatan 4 u. Hamburg, Neuer-wall 75.

Hammler, Ernst, Direktor des Reichswerkes, Spandau, Neuendorferstr. 29—30.

Hansen, Heinrich, Dipl.-Ing., Direktor u. Vor-standsmitglied der Deutschen Werke A.-G., Berlin-Steglitz, Schloßstr. 10.

Harbeck, M., Gr. Flottbek b. Hamburg, Theo-dor-Storm-Str.

Harms, Gustav, Eisengießereibesitzer, Ham- 1245 burg 29, Norder-Elb-Str. 77/81.

Harryers, Fritz, Direktor d. Deggendorfer Werft u. Eisenbauges. m. b. H., Deggendorf a. Donau.

Hartmann, Otto H., Direktor der Schmidtschen Heißdampf-Gesellschaft, Kassel-Wilhelmshöhe, Rolandstr. 2.

Harun, Mustafa, Dipl.-Ing., Assistent d. Techn. Hochschule, Berlin-Charlottenburg, Ulmen-allee 38.

Haspel, Richard, Direktor, Eberswalde, Kaiser Friedrich-Str. 33.

Haubold, Carl, Direktor der Maschinenfabrik 1250 C. G. Haubold A.-G., Chemnitz.

v. Haxthausen, Kontreadmiral a. D., Kiel, Düsternbrooker Weg 70—90, Hauptbücherei d. Mar.-Stat. d. Ostsee.

Hebbinghaus, Vizeadmiral z. D., Exz., Berlin W 35, Schöneberger Ufer 47.

Heesch, Otto, Oberingenieur, Oberlößnitz-Rade-beul, Moltkestr. 10.

Heidmann, Henry W., Ingenieur, Hamburg, Isestr. 132.

Heinrich, W., Dipl.-Ing., Kiel, Jägersberg 10. 1255

Hellmann, Heinrich, Ingenieur u. Direktor, Berlin-Marienfelde, Adolfstr. 74.

Hellmich, W., Dr.-Ing., Direktor des V. d. I., Berlin NW 7, Sommerstr. 4 a.

Hemprich, Robert, Dipl.-Ing., Vorstandsmit-glied der Waggon- und Maschinenbau-A.-G., Görlitz, Abtlg. Übigau, Dresden-N. 31.

Henkel, Gustav, Ingenieur und Fabrikbesitzer, Direktor der Herkulesbahn, Kassel-Wilhelms-höhe, Villa Henkel.

Hennig, Franz, Dipl.-Ing., Hamburg, Sierich- 1260 straße 160.

Henrich, Otto, Generaldirektor d. Siemens-Schuckert-Werke, Berlin-Siemensstadt, Ver-waltungsgebäude.

Hensolt, Johannes, Dipl.-Ing., Reinbek b. Berge-dorf, Bismarckstr. 1.

Herpen, August Th., Dr.-Ing., Leipzig, Waldstraße 78.

Herrmann, Max, Professor der Techn. Hochschule, Budapest I, Müegytem.

1265 Herwig, August, Hüttenbesitzer, Dillenburg, Oranienstr. 11.

Herwig, M. jr., Fabrikbesitzer, i. Fa. Eisenwerk Lahn, M. & R. Herwig jr., Dillenburg.

Hesse, Paul, Fabrikdirektor, Berlin NW 21, Alt-Moabit 86.

Heubach, Ernst, Ingenieur, Berlin-Lankwitz, Lessingstr. 7.

Heymann, Alfred, Fabrikbesitzer, Hamburg 36, Neuer Wall 42.

1270 Heyne, Walter, Direktor, Deutsche Vacuum Oel A.-G., Wandsbek b. Hamburg, Lindenstr. 34.

Hiehle, Kurt, Direktor d. Stock-Motorpflug A.-G., Berlin W 10, Hohenzollernstr. 5 a.

Hincke, Friedrich, preuß. Generalkonsul, Geschäftsinhaber der Nationalbank für Deutschland, Berlin W 56, Tiergartenstr. 34 a.

Hiorth, Jens, Dipl.-Ing., Chefingenieur der Star Centrapropeller A.-G. Hövik, Oslo, Norwegen, Postbox 252.

Hirsch, Aron, Kaufmann, i. Fa. Hirsch, Kupfer- und Messingwerke A.-G., Berlin NW 40, Kronprinzenufer 5/6.

1275 Hirt, Fritz, Ing., Direktor des Stahlwerks Becker, A.-G., Charlottenburg, Meinekestr. 2.

Hissink, Direktor der Bergmann-Elektrizitäts-Werke, Berlin N 65, Oudenarder Str. 32.

Hitzemann, Rudolf, Direktor der Brückenbau Flender A.-G., Lübeck, Hövelnstr. 7.

Hjarup, Paul, Ingenieur und Fabrikbesitzer, Berlin N 20, Prinzenallee 24.

Hoepfner, Kaufmann, Hauptmann d. R., Hamburg, Mittelweg 188.

1280 v. Hoernes, Hermann, Oberst d. R., Linz a. D., Roseggerstr. 3.

Hoff, Wilh., Dr.-Ing., Professor, Direktor d. deutschen Versuchsanstalt für Luftfahrt, Berlin-Adlershof.

Hoffmann, S., Direktor d. Schmidt'schen Heißdampfgesellschaft m. b. H., Kassel-Wilhelmshöhe, Steinhöferstr. 4.

Hoinkiss, Reinhold, Leiter und Mitinhaber der Rheinischen Metallwerke Goercke & Co., Annen i. W.

Hollstein, Georg, Dipl.-Ing., Beratender Ingenieur für Hebezeugbau- und Transportwesen, Berlin-Zehlendorf, Schweizerstr. 1 a.

1285 Holzapfel, A. C., Fabrikant, New York, West Street 90.

Holzwarth, Hans, Dipl.-Ing., Mülheim-Ruhr, Seilerstr. 13.

d'Hone, Heinrich, Fabrikbesitzer, Duisburg.

Hönig, Martin, Dr., Direktor der David Grove A.-G., Charlottenburg 1, Kaiserin-Augusta-Allee 86.

Hort, Hermann, Dr. phil., Dipl.-Ing., Ober-Ing., Essen, Irmgardstr. 52.

1290 Hovemann, John C., Direktor, Paris, rue des Pyramides 19.

Howaldt, Adolf, Oberingenieur, Lübeck, Mengstraße 16.

Hübner, K., Direktor, Duisburg, Lutherstr. 32.

Hülß, Friedr., Oberingenieur u. Prokurist d. Siemens-Schuckert-Werke, Berlin-Halensee, Westfälische Str. 59, II.

Huß, Carl, Dipl.-Ing. und Patentanwalt, Berlin SW 61, Gitschiner Str. 4.

Huth, Erich, Dr. phil., Ingenieur, Berlin W 30, 1295 Landshuter Str. 9.

Imle, Emil, Dipl.-Ing., Dresden-Loschwitz, Querstr. 15.

Inden, Hub., Fabrikant, Düsseldorf, Neanderstraße 15.

Iseler, Albert, Kommerzienrat und Fabrikbesitzer, Leipzig-Plagwitz.

Ivers, C., Schiffsreeder, Kiel.

Jacobsen, Louis, Oberingenieur, Hamburg 29, 1300 Norder-Elbstr. 4 I.

Jaeger, G., Reedereidirektor, Mannheim, L. 4. 16.

Jannasch, G.A., Fabrikdirektor, Laurahütte O.-S.

Jarke, Alfred, Kaufmann i. Fa. Bromberg & Co., Hamburg 1, Alsterdamm 17.

Jasper, Karl, Kptl. a. D., Geschäftsführer d. deutschen Seglerverbandes, Berlin-Friedenau, Niedstr. 37.

Jebsen, J., Reeder, Apenrade. 1305

Jochimsen, Karl, Oberingenieur, Berlin-Charlottenburg, Kaiserin-Augusta-Allee 77.

Jochmann, Ernst, Oberingenieur der Firma Thyssen & Co. A.-G., Hamburg, Averhoffstr. 4.

Joost, J., Direktor der Farbenfabrik Joost, G. m. b. H., Hamburg, Steinhöft 8/11.

Jordan, Paul, Direktor der Allg. Elektr.-Ges., Berlin NW 40, Kronprinzenufer 7.

Jünger, Ernst, Fabrikdirektor, Basse & Fischer 1310 A.-G., Lüdenscheid.

Junker, Friedr. Franz, Betriebsdirektor des Pumpen- und Gebläsewerkes C. M. Jaeger & Co., Leipzig-Gohlis, Eisenacher Str. 7 I.

Junkers, Hugo, Dr.-Ing., Professor, Dessau, Kaiserplatz 21.

Jurenka, Rob., Dr.-Ing., Direktor der Deutschen Babcock & Wilcox-Dampfkesselwerke A.-G., Oberhausen (Rheinland).

Jütte, Ernst, Direktor, Berlin-Reinickendorf, Berliner Str. 99.

Kahlert, Kontre-Admiral, Chef des Allgemeinen 1315 Marineamtes, Berlin W 10, Königin-Augusta-Straße 38—42.

Kalbe, Otto, Dipl.-Ing., Verbandsdirektor, Berlin W 15, Uhlandstr. 44.

Kalkhof, Wilhelm, Ingenieur, Dortmund, Lindemannstr. 57.

Kaminski, Paul, Ingenieur, Berlin-Pankow, Binzstr. 35.

Kammerhoff, Meno, Direktor, 159 Cleveland Street, Orange, New Jersey, U. S. A.

Kauermann, Aug., Ingenieur, Generaldirektor 1320 der Maschinenfabrik Schieß, A.-G., Düsseldorf, Cölner Str. 114.

Keitel, Hugo, Ingenieur, Inhaber d. F. Hugo Keitel, Schiffsschrauben-Industrie „Elbe", Dresden-A., Hindenburgstr. 13.

Kelch, Hans, Leutnant a. D., i. Fa. Motorenwerk Hoffmann & Co., Potsdam, Mangerstr. 33.

Kemperling, Adolf, Direktor der Gebr. Böhler & Co., A.-G., Berlin NW 5, Quitzowstr. 24/26.

Kiep, Leisler, Dr., Hamburg-Amerika-Linie, Hamburg I, Alsterdamm 25.

Kind, Erwin, Korvettenkapitän a. D., Altona-1325 Ottensen, Bei der Kirche 29.

Kindermann, Franz, Ober-Ing. d. Allgem. Elektr.-Ges., Duisburg a. Rh., Meinstr. 56.

Kins, Johs., Direktor der Dampfschiff.-Ges. Stern, Berlin NW 40, Kronprinzen-Ufer 2.

Kirchberger, G., Freg.-Kap. a. D. u. Direktor, Hohenstein-Ernsttal.

Kirchner, Ernst, Kommerzienrat u. Mitglied des Vorstandes der Maschinenbauanstalt Kirchner & Co., Akt.-Ges., Leipzig-Sellerhausen.

1330 Kirstein, Büchereivorstand, Hauptbücherei der Marine-Station der Nordsee, Wilhelmshaven, Hollmannstr. 3.

Kirsten, Georg, Dipl.-Ing., Wilmersdorf, Uhlandstraße 61.

Kisse, K., Ober-Ingenieur, Berlin-Wilmersdorf, Günzelstr. 34.

Klawitter, Willi, Kaufmann u. Werftbesitzer, i. Fa. J. W. Klawitter, Danzig.

Kleiber, Friedrich, Redakteur der Zeitschrift „Schiffbau", Berlin-Steglitz, Kissinger Str. 12.

1335 Klein, Jacob, Dr.-Ing., Kommerzienrat, Generaldirektor von Klein, Schanzlin & Becker, Frankenthal i. Pfalz.

von Klemperer, Herbert, Dr.-Ing., Direktor der Berliner Maschinenbau-Akt.-Ges. vorm. L. Schwartzkopff, Berlin N 4, Chausseestr. 23.

Klinger, Gust., Direktor, Berlin-Tempelhof, Saalburgstraße.

Klippe, Hans, Ingenieur, Hamburg 1, Ferdinandstraße 30.

Klose, Rechnungsrat, Büchereivorsteher, Bücherei des Reichspostministeriums, Berlin W 66.

1340 Knackstedt, Ernst, Generaldirektor, Düsseldorf, Achenbachstr. 107.

Knöpfli, Heinrich, Obering. b. Burchard, Meissner Nachflg., Maschinenfabrik und Gießerei, Hamburg 26, Hirtenstr. 40.

Koch, Peter, Ingenieur, Hannover, Hindenburgstraße 28.

Köcher, Robert, Ingenieur und Yachtkonstrukteur, Berlin W 15, Uhlandstr. 50.

Koenitzer, Wilhelm Christian, Fabrikant, Hamburg, Hohe Bleichen 8/10.

1345 Köhler, J., Ing., Eimsbüttel, Ottersbeckallee 13.

Köhler, Karl, Techn. Direktor, Werft von Caesar Wollheim, Kosel bei Breslau.

Köhn, Adolf, Fregatten-Kapitän (J.), Hamburg 24, Lübecker Str. 147.

Köhncke, Heinr., Zivilingenieur, Bremen, Contrescarpe 130.

König, Paul, Kapitän, Bremen, Norddeutscher Lloyd.

1350 Köpcke, Max, Direktor der Assecuranz Union von 1865, Hamburg, Trostbrücke 1.

Köper, Eugen, Ingenieur, Bergedorf, Grüner Weg 4.

Koppen, Korvettenkapitän (J.), Friedenau, Büsingstr. 10a.

Koppenberg, Heinrich, Betriebsdirektor des Stahl- u. Walzwerks Riesa der A.-G. Lauchhammer, Gröba, Elbweg 3.

Korten, A., Syndikus, Direktor, Vereinigte Hüttenwerke Burbach-Eid-Düdelingen A.-G., Saarbrücken.

1355 Kortmann, Paul, Oberingenieur und Fabrikdirektor der B. A. M. A. G. vorm. L. Schwartzkopff, Berlin N 4, Chausseestr. 23.

Köser, Fr., Kaufmann, i. Fa. Th. Höeg, Hamburg, Steinhöft 9, Elbhof.

Köster, E. W., Dr.-Ing., Baurat u. Generaldirektor Frankfurter Masch.-A.-G., Frankfurt a. M., Roonstraße 4.

Kraemer, Theodor, Direktor, Duisburg, Realschulstr. 84.

Krampe, Hugo, kaufm. Direktor, Berlin-Charlottenburg, Kaiserdamm 100.

1360 Krayn, M., Verlagsbuchhändler, Berlin W 10, Genthiner Str. 39.

Krieger, R., Dr.-Ing., Hüttendirektor, Düsseldorf, Kaiser-Friedrich-Ring 20.

v. Kries, Carl, Kfm. Leiter d. Zweigstelle Hamburg d. Schöllerstahlges. m. b. H., Hamburg, Fuhlentwiete 51/53.

Kritzler, Julius, Direktor der Marinetechn. Abt. Gebr. Körting A.-G., Kiel-Schulensee.

Kroebel, R., Ingenieur, Klein-Flottbeck bei Hamburg, Baron-Vogt-Str. 16.

1365 Krogmann, Richard, Vorsitzender der See-Berufsgenossenschaft, Hamburg, Trostbrücke 1.

Krone, Dr., Minister, Berlin W 9, Wilhelmstr. 79.

Krueger, Hans, Vorstandsmitglied der Gelsenkirchener Bergwerks-A.-G., Düsseldorf, Feldstraße 12.

Krüger, Hans, Fabrikdirektor, Isolation A.-G., Mannheim.

Krüger, Willy, Dr.-Ing., Kommerzienrat, Vorsitzender des Direktoriums der Sächsischen Masch.-Fabr. vorm. Rich. Hartmann A.-G., Chemnitz, Kaßbergstr. 36.

1370 Krull, Hermann, Oberingenieur, Kiel-Hassee, Lübecker Chaussee 42.

Krumm, Alfred, Mitinhaber der Firma Krumm & Co., Remscheid, Lindenstr. 57.

Kubierschky, Martin, Direktor der A.-G. Mix & Genest, Berlin-Lichterfelde, Kommandantenstraße 88.

Kühne, Ernst. Geschäftsführer, Bremen, Georg-Gröning Str. 156.

Kuhnke, Fabrikant, Kiel, Forstweg 19.

1375 Kunstmann, Arthur, Konsul und Reeder, Stettin, Dohrnstr. 1.

Kunstmann, W., Konsul und Reeder, Stettin, Bollwerk 1.

Kux, Eduard, Dr.-Ing., Vorstandsmitglied der Gebr. Körting A.-G., Hannover-Linden, Badenstedter Str. 75.

Landsberg, Oberbaurat, Kanal-Direktor, Berlin W 10, Viktoriastr. 17.

Lange, Ernst, Dipl.-Ing., Oberingenieur b. techn. Betrieb des Norddeutschen Lloyd, Geestemünde, Schultzstr. 5.

1380 Lange, Hans, Kapitän, Karmin auf Usedom.

Lange, Karl, Dipl.-Ing., Bremen, An der Schlachte 20.

Langen, A., Dr., Direktor der Gasmotoren-Fabrik Deutz, Cöln, Fürst-Pückler-Str. 14.

v. Langen, Fritz, Kommerzienrat, Fabrikbesitzer, Haus Tanneck b. Elsdorf, Rheinland.

Langner, Mitinhaber der Greiserwerke G. m. b. H., Hannover, Charlottenburg, Tegeler Weg 101.

1385 Lans, Otto, Konter-Admiral a. D., Bevollmächt. der Gasmotorenfabrik Deutz, Berlin-Nikolassee, Sudetenstr. 52.

v. Lans, W., Admiral à la suite des Seeoffizierkorps, Exzellenz, Charlottenburg 9, Kaiserdamm 39.

Läsch, Otto, Mitarbeiter bei der Deutsch-Australischen Dampfschiff.-Ges., Hamburg 4, Hochstr. 10.

Laurick, Carl, Ingenieur, Berlin SW 47, Yorkstraße 80.

Lawaczeck, Franz, Dr.-Ing., Oberingenieur, München, Baierbrunner Str. 17.

1390 Lawrenz, Paul, Dipl.-Ing., Gebr. Sulzer A.-G., Ludwigshafen a. Rh.

Lazarus, Victor, Ingenieur, Wien IV, Alleegasse 8.

Leitholf, Otto, Zivilingenieur, Berlin SW 11, Hallesche Str. 19.

Lenz, Richard, Direktor der Rheinmetall-Edelstahl-Vertriebs-G. m. b. H., Berlin-Charlottenburg, Pestalozzistr. 55.

Leopold, Heinz Jaques, Direktor, Kgl. Rumänischer Generalkonsul, Hamburg, Rathausmarkt 7.

1395 Lewerenz, Alfred, i. Fa. Deurer & Kaufmann, Hamburg, Hagenau 50a.

Lienau, Alfred, Ingenieur, Hamburg 1, Große Bäckerstr. 6.

Lippart, G., Dr.-Ing., Baurat, Direktor der Maschinenfabrik Augsburg-Nürnberg A.-G., Nürnberg, Tiergartenstr. 10.

List, Friedrich, Dr., Bibliothekar der Techn. Hochschule Darmstadt, Mathildenstr. 10.

Litz, Valentin, Dr., Betriebsdirektor bei A. Borsig, Berlin-Tegel.

1400 Loeck, Otto, Kaufmann, Hamburg, Agnesstr. 22.

v. Loewenstein zu Loewenstein, Hans, Bergassessor und Geschäftsführer, Essen (Ruhr), Friedrichstr. 2.

Lonke, Hermann, Direktor der Nordseewerke, Emden.

Loof, Wilhelm, Oberingenieur der Ernst Schieß Werkzeugmaschinenfabrik A.-G., Düsseldorf, Cölner Str. 114.

Lorenz, Hans, Dr., Dipl.-Ing., Geheimer Regierungsrat und Professor an der Techn. Hochschule in Danzig-Langfuhr, Johannisberg 7.

1405 Lorenz, Max, Dipl.-Ing., Oberingenieur der Siemens-Schuckert-Werke, Berlin W 15, Bayrische Str. 6.

Lothes, P., Oberingenieur, Blankenese, Marienhöhe, Wedeler Chaussee.

Lotzin, Willy, Kaufmann, Danzig, Brabank 3.

Loubier, G., Patentanwalt, Berlin SW 61, Belle-Alliance-Platz 17.

Löwenberg, Martin, Prokurist, Berlin W 10, Drakestr. 1.

1410 Lübbert, Staatl. Fischereidirektor, Kuxhaven, Am Seedeich 5.

Lübcke, Charles, Expert des Vereines Hamburger Assecuradeure, Hamburg 22, Richardstraße 38.

Lueg, E., Ingenieur, i. Fa. Haniel & Lueg, Düsseldorf-Grafenberg.

Lüders, W. M. Ch., Fabrikant, Hamburg 9, Norderelbstr. 31.

Lüdders, Peter, Senator, Fabrikant i. F. Christiansen & Meyer, Maschinen- und Dampfkesselfabrik, Harburg a. d. Elbe.

1415 Lühr, Eduard, Ingenieur, Betriebsleiter der Abt. Montania von Orenstein & Koppel, A.-G., Nordhausen, Ulbrichstr. 17.

Lux, Friedrich, Fabrikant, Ludwigshafen a. Rh., Ludwigsplatz 9.

Lux, Fritz, Elektro-Ingenieur, Ludwigshafen a. Rh., Ludwigsplatz 9.

Lyth, Paul, Ingenieur, Lidingö Villastad, Schweden.

Maaß, Robert, Kaufmann, Hamburg 9, Kuhberg 8.

1420 Macke, Theodor, Oberingenieur u. Inspektor, Hamburg 24, Ifflandstr. 8.

Markau, Karl, Dr., Prokurist der A. E. G. Berlin O. 17, Ehrenbergstr. 11—14.

Martini, Kapitän z. S. a. D., Danzig, Petterhagergasse 3/5.

von Matern, John A., Direktor und Chef der Stora Kopparbergs Bergslags Aktiebolag, London, London, E. C. Laurence Pountney, Hill 6.

Matschoss, Conrad, Professor, Dr.-Ing., Direktor des Vereins Deutscher Ingenieure, Berlin NW 7, Sommerstr. 4a.

1425 Mattenklott, Otto, Direktor der Metallwerke von Galkowski & Kielblock A.-G., Eberswalde, Neue Kreuzstr. 15.

Maybach, Karl, Direktor, Friedrichshafen a. Bodensee, Zeppelinstr. 21.

Meck, Bernhard, i. Fa. Ernst Mecks Stanz- und Preßwerk, Nürnberg.

ter Meer, G., Dr.-Ing., Direktor, Hannover-Linden, Hamelner Str. 1.

Meier, Ernst, Direktor der M. A. G. Balke-Bochum, Neubeckum i. Westf.

1430 Meinders, Hermann, Dipl.-Ing., Bremen, Clausewitzstr. 10.

Menge, Wilh., Mitinhaber d. Firma Greiserwerke, Hannover, Sedanstr. 5.

Merkel, Carl, Ingenieur, i. Fa. Willbrandt & Co., Hamburg, Mattentwiete 24.

Merz, Dr., Professor, Direktor d. Instituts für Meereskunde, Berlin NW 7, Georgenstr. 34/36.

Meuthen, Wilh., Kaufmann, Mannheim, C 4. 11.

1435 Meyer, Eugen, Leoni am Starnberger See.

Meyer, P., Professor a. d. Techn. Hochschule, Delft, Holland, Heemskerkstraat 19.

Meyer, W., Justizrat, Hannover, Hindenburgstraße 39.

Michaelis, Ludwig, Dr., Direktor des Autogen-Gasakkumulator A.-G., Berlin-Lichtenberg, Herzbergstr. 82/86.

Mintz, Maxim, Ingenieur und Patentanwalt, Berlin SW 11, Königgrätzer Str. 52.

1440 Möbus, Wilh., Oberingenieur, Düsseldorf 21, Karlstr. 16.

Mohr, Otto, Fabrikant, i. Fa. Mannheimer Masch.-Fabr. Mohr & Federhaff, Mannheim.

Moll, Gustav, Ingenieur, Neubeckum, Westf.

Möller, Ludwig, Marine-Stabsingenieur a. D., Expert der Firma H. M. Mutzenbecher, Hamburg, Mundsburger Damm 26, III.

Möllers, G., Direktor der Deutschen Teerprodukten-Vereinigung, Essen-Ruhr, Bogenstr. 45.

1445 Mrazek, Franz, Ing., Direktor der Skodawerke Akt.-Ges. in Pilsen, Wien XIX, Peter-Jordan-Straße 28.

Mühlberg, Albert, jun., Oberingenieur, Fabrikdirektor, Oberriexingen a. d. Enz (Württ.).

Mühlberg, Johannes, Konsul, Dresden, Wallstraße 15.

Müller, Gustav, Dr.-Ing., Staatssekretär z. D., Verwaltungsdirektor der See-Berufsgenossenschaft, Hamburg 8, Zippelhaus 18.

Müller, Gustav, Dr.-Ing., Baurat und Generaldirektor a. D., Düsseldorf, Arnoldstraße 12.

1450 Müller, Hugo, Bibliothekar des Reichsverkehrsministeriums, Berlin W 66, Leipziger Str. 125.

Müller, Otto, Oberingenieur, Prokurist, Berlin-Charlottenburg, Knobelsdorffstr. 54.

Müller, Rudolf, Kaufmann, Leipzig, Steinstraße 55.

Müller, Wilhelm, Direktorstellvertreter der ersten Donau-Dampfschiffahrts-Gesellschaft, Wien III, Hintere Zollamtsstraße 1.

Münzesheimer, Martin, Dr. rer. pol., Generaldirektor der Gelsenkirchener Gußstahl- und Eisenwerke, Düsseldorf, Jägerhofstr. 22.

1455 Nägel, Adolph, Dr.-Ing., Professor, Dresden-A. 24, Zellerschestr. 29.

Naht, A. W., Kaufmann, Hamburg 1, Semperhaus, Spitalerstr. 10.

Netter, Ludwig, Regierungsbaumeister a. D. und Fabrikbesitzer, Berlin W 10, Tiergartenstraße 34a.

Neubauer, Johannes, Dipl.-Ing., Hamburg 37, Klosterallee 25.

Neuberg, Zivilingenieur, Berlin W 62, Keithstraße 10.

1460 Neudeck, Martin, Kaufmann, Kiel, Esmarchstraße 18.

Neufeldt, H., Ing. und Fabrikbesitzer, Kitzeberg b. Kiel.

Neuffer, Felix, Linienschiffsleutnant a. D., Firma Carl Zeiß, Jena, Berlin W 9, Potsdamer Straße 139.

Neuhaus, Fritz, Dr.-Ing., Baurat, Generaldirektor bei A. Borsig-Tegel, Berlin W 15, Kaiserallee 220.

Neuhaus, Ludwig, Direktor von A. Borsig, Berlin W 15, Kurfürstendamm 69.

1465 Neumann, Kurt, Dr.-Ing., ord. Professor an der Techn. Hochschule, Hannover, Hermannstr. 34.

Neureuther, Karl, Korvetten-Kapitän a. D., München, Lieprunstr. 53.

Niederdraing, Emil, Fabrikdirektor, Landsberg a. W., Angerstr. 8.

Niederquell, Wilhelm, Oberingenieur, Hamburg, Immenhof 17.

Niemeyer, Georg, Fabrikbesitzer, Harburg, Metall- u. Eisenwerke.

1470 Niemeyer, Walter, Kaufmann, Harburg, Metall- u. Eisenwerke.

Nihlén, August Nicolaus, Direktor der Continentalen Reederei A.-G., Hamburg 1, Bergstraße 7.

Nissen, Andreas, Oberingenieur, Hamburg, Sierichstr. 20.

Nissen, Hans, Ingenieur und Werftbesitzer, Berlin SW 68, Oranienstr. 126.

Nobiling, Heinr., Reeder, Berlin SO 16, Brückenstraße 6b.

1475 Noë, Maschinenbauingenieur, Professor, Direktor der Danziger Werft, Danzig.

Noltenius, Fr. H., Direktor d. Atlas-Werke A.-G., Bremen.

Noske, Ernst, Dipl.-Ing., Altona-Ottensen, Arnoldstr. 28—30.

Oeking, Rudolf, Fabrikbesitzer, i. Fa. Oeking & Co., Düsseldorf, Kavalleriestr. 27.

Oettgen, Peter, Dr., Direktor der Waggonu. Maschinenbau-A.-G. Görlitz, Holteistr. 1.

1480 Olsson, Henning, Ingenieur, Direktor der Aktieng. Welin, Gothenburg.

Oppenheim, Paul, Ingenieur und Fabrikbesitzer, Berlin-Wilmersdorf, Brandenburgische Str. 24.

Graf von Oppersdorff, Ober-Glogau, Schloß.

Opitz, Paul, Kapitän, Hamburg, Moltkestr. 6.

L'Orange, P., Dipl.-Ing., Professor, Direktor von Benz & Co., Mannheim-Freudenheim, Nadlerstraße 12.

1485 Ott, Franz, Generaldirektor der Rhein- und Seeschiffahrts-Gesellschaft, Köln, Volksgartenstr.

Ott, Max, Dipl.-Ing., Hannover-Kleefeld, Hegelstraße 16, part.

Otte, W., Vertreter der Schiffswerft Caesar Wollheim in Kosel, Berlin-Wilmersdorf, Hanauer Straße 30.

Otto, Hans, Korvetten-Kapitän (I) a. D., Berlin-Pankow, Hartwigstr. 108.

Otto, Oswald, Oberingenieur, Schöneiche bei Friedrichshagen, Waldstr. 77.

Overath, H., Direktor der Mitteldeutschen 1490 Gummiwaren-Fabrik, Frankfurt a. M., Mendelssohnstr. 37.

Overhoff, Walter, Dipl.-Ing., Generaldirektor d. Schiffswerft Linz A.-G., Wien 1, Wollzeile 12.

Overweg, O., Kaufmann, Hamburg, Admiralitätsstr. 33/34.

Paasch, Lothar, Leutnant, Berlin-Friedenau, Kaiserallee 114.

Pahl, Gustav, Finanzrat, Berlin NW 7, Neustädtische Kirchstr. 15.

Pake, Wilhelm, Senator, Wolgast, Burgstr. 6. 1495

Pantke, Marine-Oberstabsingenieur a. D., Berlin-Pankow, Pestalozzistr. 39.

Pauli, F., Ingenieur, Hamburg - Wandsbek, Apfelhof, Süthornweg.

Pels, Henry, Fabrikbesitzer, Berlin - Westend, Eichenallee 3.

Petersen, Otto, Dr.-Ing., Geschäftsführer des Vereins deutscher Eisenhüttenleute, Düsseldorf, Breite Str. 27.

Petri, Carl, Kapitänleutnant a. D., Maschinen- 1500 fabrik Schieß A.-G., Düsseldorf, Kölner Str. 114.

Pfenninger, Carl, Ingenieur, i. Fa. Melms & Pfenninger, München, Martiusstr. 7.

Pfleiderer, Carl, Dr.-Ing., Professor an der Technischen Hochschule, Braunschweig.

Piehler, C., Technischer Direktor, Westf. Stahlw. A.-G., Berlin W 10, Bendlerstr. 36.

Pieper, Paul, Direktor, Berlin-Wilmersdorf, Bayerische Str. 8.

Pierburg, Wilhelm, Generaldirektor, Berlin- 1505 Halensee, Kurfürstendamm 111.

Platz, Richard, Generaldirektor der Hackethal Draht- und Kabel-Werke A.-G., Hannover, Richard-Wagner-Str. 23.

Pohlig, Julius, Direktor der J. Pohlig A.-G., Köln-Zollstock.

Pohlmann, Hans, Ingenieur u. Fabrikant, Hamburg 1, Bieberhaus, II. St.

Pollachek, Alexander, Oberingenieur der Atlantica Co. Ltd. 11 Great St. Helens, London E. C. 3.

Polnay v. Tiszasüly, Eugen, Exzellenz, Präsi- 1510 dent-Generaldirektor der Atlantica Seeschiffahrt A.-G., Budapest, Falk Miksa utca 20.

Popp, P., Oberingenieur, Hamburg, Tornquiststraße 15.

Pötter, Wilh., Direktor, in Fa. Ferd. Müller, Hamburg 6, Schanzenstr. 75/77, Tritonhaus.

Potthoff, Hermann, Regierungsbaumeister a. D., Direktor der Rheinischen Metallwaren- und Maschinenfabrik, Düsseldorf, Sybelstr. 1.

Prager, Curt, Ingenieur, Berlin-Wilmersdorf, Nikolsburger Str. 6.

Prandtl, Ludw., Dr. phil., Prof. a. d. Universität 1515 in Göttingen, Göttingen, Bergstr. 15.

Predeck, Albert, Dr. phil., Hochschulbibliothekar, Techn. Hochschule, Danzig.

Projahn, Heinr., Betriebsdirektor der Gelsenkirchener Bergwerks-A.-G., Gießerei Gelsenkirchen, Oskarstraße 16.

Puck, Vorstandsmitglied der Reederei-A.-G. von 1896, Hamburg, Steinhoft 8—10, Elbhof.

Radinger, A. E., Fabrikdirektor, H. Putsch & Co., Hagen i. W.

Radouloff, Konstantin, Ingenieur, Berlin, 1520 Technische Hochschule.

Rahtjen, J. Frank, Kaufmann, Hamburg, Mittelweg 19.

Ranft, P., Baurat, Leipzig, Kurze Str. 1.

Rasch, Georg, Hüttendirektor, Berlin N 4, Chausseestr. 13.

Raschen, Herm., Ingenieur der Chem. Fabriken Griesheim-Elektron, Griesheim a. M., Hauptstraße 2.

1525 Redlin, Johannes, Gerichtsassessor a. D., Syndikus, Berlin-Charlottenburg 1, Berliner Str. 97.

Regenbogen, Konrad, Dr.-Ing., Maschinenbau-Direktor der Fried. Krupp A.-G., Germania-Werft, Kiel.

Rehfeld, Ernst, Direktor, Deutsche Niles-Werke, Berlin-Weißensee.

Rehfus, Wilh., Dr.-Ing., Stuttgart, Herdweg 76.

Rehmann, Fritz, Direktor der Reederei Stachelhaus & Buchloh, G. m. b. H., Mülheim a. d. Ruhr, Friedrichstr. 26.

1530 Rehmke, Hans, Dr., Gerichtsassessor, Syndikus des Zentralvereins deutscher Reeder, Hamburg, Adolfsbrücke 9—11.

Reichel, W., Dr.-Ing., Geheimrat, Professor, Direktor der Siemens-Schuckert-Werke, Berlin-Lankwitz, Beethovenstr. 14.

Reiff, Wilhelm, Oberstleutnant a. D., Geschäftsführer d. Gesamtverbandes deutscher Metallgießereien, Hagen i. W., Blumenstr. 21.

Reinhardt, Karl, Dr.-Ing., Generaldirektor bei Schüchtermann & Kremer, Dortmund, Körnerbachstr. 2.

Reinhardt, Philipp, Dr. Großkaufmann, Mannheim, Werderstr. 57/59.

1535 Reissner, Hans, Dr.-Ing., Professor d. Techn. Hochschule, Berlin-Charlottenburg, Ortelsburg-Allee 4.

Rellstab, Ludwig, Dr., Direktor der Thermophon Ges., Nikolassee bei Berlin, An der Rehwiese 31.

Resow, H., Dr., Direktor bei Fried. Krupp, Stahlwerk Annen (Kr. Hörde).

Reusch, Paul, Dr.-Ing., Kommerzienrat, Vorstandsmitglied der Gutehoffnungshütte, Oberhausen, Rheinland.

Reuter, Wolfgang, Generaldirektor der Deutschen Maschinenfabrik-A.-G. Duisburg, Duisburg.

1540 Rickert, F., Dr., Verleger der „Danziger Zeitung", Danzig, Karrenwall 9.

Riedel, Karl, Schiffskapitän, Mannheim-Freudenheim, Hauptstr. 137.

von Rieppel, A., Dr.-Ing., Geh. Baurat und Fabrikdirektor, Nürnberg 24.

Ringe, Hermann, Werftdirektor, Lehe bei Bremerhaven, Hafenstr. 224.

Rischowski, Alb., Vertreter der Firma Caesar Wollheim, Breslau, Jahnstr. 34.

1545 Ritter, Th., i. Fa. Woermann-Linie, Hamburg 39, Willistr. 15.

Röchling, L., Kommerzienrat u. Fabrikbesitzer, Völklingen a. d. Saar.

Rodin, Woldemar, Dipl.-Ing., Lobbendorf bei Blumenthal, Unterweser, Villa Hachez, Hannover.

Rogge, Vize-Admiral a. D., Exc., Berlin-Wilmersdorf, Nikolsburgerstr. 8/9.

Rohde, Paul, Inhaber der Fa. Otto Mannsfeld & Co., Berlin W 8, Mohrenstr. 54/55.

1550 Rolle, M., Architekt, Berlin W 15, Fasanenstr. 57.

Rollmann, Admiral z. D., Exzellenz, Blankenburg a. H., Rübeländer Str. 25.

Rompano, C., Schiffbau-Ingenieur, Hamburg 19, Weidenstieg 8 III.

Roser, E., Dr.-Ing., Direktor, Mülheim-Ruhr, Johannesstr. 2.

Roser, Heinrich, Dipl.-Ing., Direktor der Firma Werner & Pfleiderer, Cannstatt a. Neckar, Ludwigstr. 42.

1555 Roux, Direktor d. Askania-Werke A.-G., Berlin-Friedenau, Kaiser-Allee 87/88.

Rubbel, H., Direktor, Düsseldorf, Sommersstraße 10.

Rudeloff, E. G., Direktor d. Mineralölwerke Rhenania A.-G., Hamburg, Alsterdamm 16/19.

Rumpler, Edmund, Dr.-Ing., Berlin NW 7, Friedrichstr. 100.

Ruth, Gustav, Chemische u. Lackfabriken, Wandsbek-Hamburg, Feldstr. 136/142.

1560 Sachse, Walter, Kapitän und Oberinspektor der Hamburg-Amerika-Linie, Hamburg, Parkallee 62.

Sachsenberg, Hans, Direktor in Junkers Flugzeugwerk, Dessau, Antoinettenstr. 4.

Sachsenberg, Paul, Kommerzienrat, Dessau, Mariannenstr. 1.

Sadger, Adolph, Ingenieur, Direktor, Berlin-Tempelhof, Kaiserkorso 69.

Salomon, B., Professor, Generaldirektor, Frankfurt a. M., Westendstr. 25.

1565 Sarrazin, Otto, Dr., Direktor, Charlottenburg, Lindenallee 18.

Sarnow, Albert, Oberingenieur u. Prokurist d. Eisen- u. Stahlwerks Gruson & Co., Magdeburg-Buckau, Schönebecker Str. 66.

Sass, Friedr., Dr.-Ing., Berlin-Charlottenburg, Sophie-Charlotte-Str. 57/58.

Schadt, Walter, Rechtsanwalt, Direktor der deutschen Schiffspfandbriefbank A.-G., Berlin NW 7, Dorotheenstr. 19.

Schärffe, Franz, Ingenieur, Lübeck, Engelswisch 42/48.

1570 Schauseil, M., Sozialpolitischer Beirat der See-Berufsgenossenschaft, Hamburg 37, Parkallee 48.

Scheller, Wilh., Direktor a. D., beratender Ingenieur für Wärmewirtschaft u. Kraftmaschinen, München-Gladbach, Viktoriastr. 60.

Schenck, Max, Direktor von Schenck und Liebe-Harkort, G. m. b. H., Düsseldorf-Oberkassel, Sonderburger Str. 5a.

Schetelig, Claudio, Dipl.-Ing., Essen (Ruhr), Rüttenscheider Platz 9.

Schiementz, Paul, Fabrikdirektor, Berlin-Waidmannslust, Bondickstr. 67.

1575 Schiele, Ernst, Dr.-Ing., Inhaber der Fa. Rud. Otto Meyer, Hamburg 23, Pappelallee 23/29.

Schilling, Dr., Professor, Direktor der Seefahrtsschule, Bremen.

Schilling, Karl Ernst, Dipl.-Ing., Kiel, Gutenbergstr. 14.

Schimmelbusch, Direktor d. Dampfkessel-Fabrik vorm. Arthur Rodberg A.-G., Darmstadt, Schollweg 2.

Schinkel, Otto, Ingenieur, Poggenhagen b. Neustadt a. Rübenberge.

1580 Schippmann, Karl, Oberingenieur, Kiel, Martensdamm 26.

Schirmacher, Albert, Ingenieur u. Fabrikdirektor, Berlin W 30, Landshuter Str. 29.

Schlotte, Paul, Betriebsingenieur d. A.-G. Lauchhammer, Wittenau, Post Borsigwalde.

Schmadalla, Joh., Ingenieur und Lehrer für Masch.- und Schiffbau a. d. Navigationsschule Lübeck, Lübeck, Marlistr. 9b.

Schmid, Ehrhardt, Admiral à la suite des Seeoffizierkorps, Exzellenz, Auerbach an d. Bergstraße, Ernst-Ludwig-Promenade 8.

1585 Schmidt, Emil, Fabrikbesitzer, Hamburg 24, Hofweg 6.

Schmidt, Friedrich, Fabrikdirektor, Hamburg, Husumer Str. 21.

Schmidt, Gerhard, Prokurist d. Signal G. m. b. H., Kiel.

Schmidt, Karl, Direktor der A.-E.-G., Berlin WN 87, Eyke-von-Repkow-Platz 3.

Schmidt, Max, Ingenieur, Direktor, Hirschberg i. Schles.

1590 Schmidt, Rudolf, Ministerial-Amtmann i. Reichswehrministerium (Marineleitung), Potsdam, Am Kanal 65.

Schmidt, Wilh., Dr.-Ing., Baurat, Benneckenstein, Wernigeroder Str. 1.

Schmidtlein, C., Ingenieur und Patentanwalt, Berlin SW 11, Königgrätzer Str. 87.

Schmitt, A., Fabrikdirektor, Laurahütte, O.-S.

Schmitz, Paul, Fabrikdirektor, Brake i. Oldenburg.

1595 Schmitz, Richard, Direktor, Berlin-Borsigwalde, Spandauer Str. 116.

Schmitz, Walther, Dr., Geschäftsführendes Vorstandsmitglied, Duisburg, Haus Rhein.

Schmuckler, Hans, Direktor b. Breest & Co., Berlin-Frohnau (Mark).

Schneider, Heinr., Dipl.-Ing., Winterthur, Schweiz, Züricher Str. 18.

Schnoeckel, Gustav, Geschäftsführer der Märkischen Fahrzeugwerke G. m. b. H., Potsdam, Neue Königstr. 93.

1600 Schnorr, Aug., Generaldirektor der Münden-Hildesheimer Gummiwaren-Fabriken, Gebr. Wetzell A.-G., Hildesheim.

Schönian, Hans, Dipl.-Ing., Direktor d. Vosswerke A.-G., Sarstedt b. Hannover, Giftener Straße 258.

Schrödter, Albert, Kaufmännischer Direktor Reiherstieg-Schiffswerft und Maschinenfabrik, Hamburg-Langenhorn, Heinfelder Str. 19.

Schrüffer, Alexander, Dr., Rechtsanwalt, Direktor der Lloyd Luftverkehr Sablatnig G. m. b. H., Berlin-Neutempelhof, Mussehlstr. 22.

Schult, Hans, Ingenieur, i. Fa. W. A. F. Wiechhorst & Sohn, Hamburg 24, Lübecker Str. 88.

1605 Schulte, F., Oberingenieur der Harpener Bergbau-Akt.-Ges., Dortmund, Saarbrücker Str. 49.

Schultz, Otto, Fabrikbesitzer, Tezettwerk, Berlin-Halensee, Kurfürstendamm 70.

Schultze, J., Dr. jur., Direktor der Oldenburg-Portugiesischen Dampfschiffs-Reederei, Hamburg, Mittelweg 38.

Schultze, Moritz, Vorstands-Mitglied d. Commerz- u. Privatbank A.-G., Berlin W 62, Kurfürstenstr. 115.

Schümann, C., Fabrikant, Hamburg 20, Eppendorfer Landstr. 79.

1610 Schumann, Ernst, Oberingenieur, Berlin-Charlottenburg, Havelstr. 15.

Schütte, Alfred, H., Kommerzienrat, Inhaber d. Fa. Alfr. H. Schütte, Köln-Deutz, Rheinallee.

Schüttler, Paul, Ingenieur, Direktor der Pallas-Vergaser-Ges., Berlin-Wilmersdorf, Paulsborner Straße 1.

Schwanhäusser, Wm., Dir. d. International Steam Pump Co., 115 Broadway, New York.

v. Schwarze, Fritz, Betriebs-Chef, Oberschl. Eisenbahn-Bedarfs-Akt.-Ges. Abt. Huldschinskywerke, Gleiwitz, Kronprinzenstr. 9.

v. Schwarze, Horst, Dipl.-Ing., Huckingen 1615 (Rhld.).

Schwebsch, A., Dipl.-Ing., Kiel, Kirchhofsallee 31.

Schwerd, Professor a. d. techn. Hochschule, Hannover, Podbielskistr. 14.

Schwerdt, Carl, Dr. med., Geh. Medizinal-Rat, Gotha, Hindenburgstr. 2.

Seiffert, Franz, Dr.-Ing., Direktor der Akt.-Ges. Franz Seiffert & Co., Berlin-Eberswalde, Berlin SW 11, Königgrätzer Str. 104.

Seiler, Max, Patentanwalt, Berlin SW 61, Belle- 1620 Alliance-Platz 6a.

Sening, Aug., Fabrikant, i. Fa. F. A. Sening, Hamburg, Vorsetzen 25/27.

Senst, Fritz, Dipl.-Ing., Kiel, Goethestr. 4.

Siebel, Werner, Fabrikbesitzer, i. Fa. Bauartikel-Fabrik A. Siebel, Düsseldorf-Grafenberg, Lindenstr. 255.

Siebert, G., Direktor der Firma F. Schichau, Elbing, Altstädt. Wallstr. 10.

Siebert, Walter, Dipl.-Ing., Berlin-Friedenau, 1625 Kaiserallee 110.

Siekmann, August, Kapitän, Hamburg 5, Langereihe 83.

Siedentopf, Otto, Ingenieur und Patentanwalt, Berlin SW 68, Lindenstr. 1.

Sieg, Waldemar, Kommerzienrat, Direktor der Danziger Reederei-Akt.-Ges. und Vorstandsmitglied der See-Berufsgenossenschaft, Danzig, Langenmarkt 20.

Siegmund, Walter, Direktor der „Turbinia", Aktien-Gesellschaft, Berlin W 66, Leipziger Straße 123a.

v. Siemens, Carl F., Dr.-Ing., Siemensstadt 1630 b. Berlin.

Siemens, S., Maschineninspektor, Bremen, Dampfschiffahrts-Ges. „Neptun".

Simony, Theophil, Oberingenieur, Gleiwitz, O.-S., Kronprinzenstr. 9.

von Simson, Herm. Ed., Handlungsbevollmächtigter der Fried. Krupp A.-G., Essen (Ruhr), Mozartstr. 8.

Sitte, H., Direktor der Maffei-Schwartzkopff-Werke, Caputh b. Potsdam, Kol. Friedrichshöhe.

Söder, W., Dr. jur., Konsul, Bremen, Richard- 1635 Wagner-Str. 9.

Söhngen, F., Fabrikdirektor, Dortmund, Alexanderstr. 8.

Somfleth, J. P., Direktor des Eisenwerks vorm. Nagel & Kaemp A.-G., Hamburg 39.

Sonnek, Max, Ingenieur, Dresden-A. 16, Blasewitzer Str. 37.

Sorge, Kurt, Dr.-Ing., Vorsitzender Direktor des Fried. Krupp Grusonwerkes, Berlin-Nikolassee, Teutonenstr. 24.

Sorge, Otto, Ingenieur, Berlin-Grunewald, Char- 1640 lottenbrunner Str. 44.

Spalding, Felix, Dipl.-Ing., Versuchs-Anstalt f. Wasserbau u. Schiffbau, Berlin-Lichtenberg, Lückstr. 78.

Spangenthal, Hugo, Kaufmann, Berlin W 50, Marburger Str. 3.

Spannhake, Wilhelm, Dipl.-Ing., Professor a. d. Techn. Hochschule, Karlsruhe-Gartenstadt, Auerstr. 26.

Späth, H., Generaldirektor, Düsseldorf, Ehrenstraße 44.

Spitzer, Julius, Ingenieur, Direktor der Witko- 1645 witzer Bergbau- und Eisenhüttengewerkschaft, Eisenwerk Witkowitz, Mähren.

Spreckelsen, Willy, Schiffsmaschinenbau-Ingenieur, Bremen, Wachmannstr. 22.

Sprenger, William, Kapitän und Reeder, Lübeck, Roeckstr. 6a.

Sprickerhof, Albert, Eisenbahndirektor a. D., Berlin W 30, Am Karlsbad 10.

Springer, Fritz, Dr.-Ing., Verlagsbuchhändler, Berlin W 9, Linkstr. 23/24.

1650 Springer, Julius, Verlagsbuchhändler, Zehlendorf-West, Schillerstr. 10.

Springorum, Fr., Dr.-Ing., Kommerzienrat und Generaldirektor der Eisen- und Stahlwerke Hoesch A.-G., Dortmund, Eberhardtstraße 20.

Stachelhaus, Herm., Reeder u. Fabrikant, i. Fa. Stachelhaus & Buchloh, Mannheim E 7, 22.

Staffel, E., Fabrikbes., Witzenhausen, Bez. Kassel.

Stahl, Paul, Direktor der Vulcan-Werke, Hamburg 39, Bebelallee 12.

1655 Stapelfeldt, Franz, Generaldirektor der A.-G. „Weser", Bremen 13, Parkallee 95.

Starkmann, Em., Vertreter der Actiengesellschaft „Weser" in Bremen, Berlin W 30, Viktoria-Luise-Platz 9.

v. Stauß, E. G., Direktor der Deutschen Bank, Berlin-Dahlem, Cecilienallee 14/16.

Stein, Erhard, Fabrikant, Hannover, Stüvestr. 7.

Stein, Gustav, Dr., Verwaltungsdirektor der Westdeutschen Binnenschiffahrts-Berufsgenossenschaft, Duisburg, Ruhrorter Str. 18.

1660 Stein, Rich., jr., Fabrikant, Hannover, Stüvestraße. 7.

Steinbiss, Karl, Eisenbahndirektions-Präsident a. D., Altona-Ottmarschen, Rosenhagenstr. 2.

Stelljes, Erich, Maschinenbau-Ingenieur, Bremen, Erfurterstr. 36.

Stentzler, Carl, Vertreter in- u. ausländischer Berg-, Hütten- u. Walzwerke, Berlin-Friedenau, Wilhelm-Hauff-Str. 5.

Sternberg, Oscar, Kommerzienrat, Königl. Schwed. Vize-Konsul, Generaldirektor, Mannheim, Augusta-Anlage 33.

1665 Stieghorst, Hermann, Dipl.-Ing., Kiel-Gaarden, Ernestinenstr. 20.

Stinnes, Leo, Kommerzienrat, Reeder, Mannheim D 7, 12.

Stoessel, Paul, Fabrikbesitzer, Düsseldorf, Alt-Pempelfort 24.

Storck, O., Kaufmann, Direktor, Werft Nobiskrug, Rendsburg.

Stöve, Oscar, Kaufmann, Bremen, Langenstr. 100.

1670 Strasser, Geh. Regierungsrat, Direktor im Patentamt, Berlin W 15, Fasanenstr. 64.

Stratenwerth, G., Direktor der Union Metall-Ges. m. b. H., Düsseldorf, Schließfach 748.

Strisower, Julius, Dipl.-Ing., Düsseldorf, Marienstraße 7.

Strube, A., Dr., Bankdirektor, Deutsche Nationalbank, Bremen, Graf-Moltke-Str. 51.

Struck, H., Prokurist der Firma F. Laeisz, Hamburg, Trostbrücke 1.

1675 Stubmann, P., Dr. phil., Senator, Hamburg 39, Wentzelstraße 15.

Stumpf, Johannes, Dr., Geheimer Regierungsrat u. Professor, Berlin W 15, Kurfürstendamm 33.

Stut, Carl, Direktor der Continentalen Reederei A.-G., Hamburg, Husumerstr. 21.

Sylvester, Emilio, Mitglied des Vorstandes der A.-G. Charlottenhütte, Niederschelden/Sieg.

Szymanski, Max, Ingenieur, Siegen (Westfalen), Waldstr. 13.

Tecklenborg, Fritz, Kaufmann, Lehe-Speckenbüttel, Parkstr. 24. 1680

Tetens, F., Dr. jur., Direktor der Aktien-Gesellschaft „Weser", Charlottenburg, Grolmanstr. 4/5.

Textor, Johannes, Fabrikant, Berlin-Charlottenburg, Kaiserdamm 116.

Theobald, Wilhelm, Gesellschafter und Direktor der Vereinigten Asbestwerke, Danco-Wetzell & Co., G. m. b. H., Dortmund, Knappenberger Straße 120.

Theusner, Martin, Dr.-Ing., Generaldirektor des Siegen-Solinger Gußstahl-Akt.-Verein, Berlin W 35, Potsdamer Str. 52.

Thiele, Ad., Konteradmiral a. D., Reichs-Kommissar bei dem Seeamte Bremerhaven, Bremen, Lothringer Str. 21. 1685

Thoma, Dieter, Dr.-Ing., Professor, München, Prinzenstr. 10.

Thomas, Paul, Generaldirektor d. Presse-Walzwerke A.-G. Reisholz u. d. A.-G. Oberbilker Stahlwerk, Düsseldorf 107, Achenbachstr. 6.

Thulin, P. G., Vize-Konsul, Stockholm, Skeppsbron 34.

Tillmann, Oberbaudirektor für Strom- und Hafenbau, Bremen, Verwaltungsgebäude am Hafen 1.

Tirre, Wilh., Direktor bei Haniel & Lueg, Bremen, Kembertisstr. 89. 1690

Tobias, Friedrich, Direktor d. „Alster", Hamburger Rück- und Mit-Versicherungs- A.-G., Hamburg, Neß 1.

Tolksdorf, B., Patentanwalt, Berlin W 9, Potsdamer Str. 139.

van Tongel, Richard, Geschäftsführer der van Tongelschen Stahlwerke, Gustrow, Grabenstraße 16 (Mecklenburg).

Traub, Alois, Direktor bei A. Borsig, G. m. b. H., Berlin-Tegel, Spandauer Str. 3.

Trauboth, Walter, Oberingenieur, Berlin-Friedenau, Südwestkorso 69. 1695

Trommsdorff, Oberbibliothekar der Technischen Hochschule, Hannover.

Urlaub, Fr., Direktor, Neumühlen-Dietrichsdorf bei Kiel, Howaldtswerke.

Urlaub, Paul, Ingenieur u. Fabrikbesitzer, Berlin NW 87, Hansa-Ufer 3.

Usener, Hans, Dr. phil., Fabrikant, Kiel, Holtenauer Str. 62.

Vassel, Walter, Oberingenieur bei A. Borsig, Berlin-Tegel, Hauptstr. 32. 1700

Vehling, H., Hüttendirektor, Vorstands-Mitglied der Gelsenkirchener Bergwerks-Akt.-Ges., Aachen-Rothe Erde.

Vetter, Ernst, Dr., Verlagsbuchhändler, Berlin C 2, Breitestr. 8/9.

Vielhaben, G. W., Dr. jur., Rechtsanwalt, Hamburg 24, Papenhuder Str. 1.

Viereck, K., Marine-Oberstabsingenieur, Lütjensee, Holstein.

Vinnen, Fr. Adolf, Reeder, bayr. Generalkonsul, Bremen, Altenwall 21/23. 1705

van Vloten, Hüttendirektor, Nunspeet, Holld.

Voerste, Otto, Direktor d. Siemens-Schuckertwerke, Hamburg, Semperhaus, Spitalerstr. 10.

Vögler, Albert, Dr.-Ing., Generaldirektor, Dortmund, Deutsch-Luxemb. Berg- u. Hütten-A.-G.

Vollbett, O. D., Betriebschef des Reparaturbetriebes der Vulcan-Werke, Hamburg, Am Weiher 23.

1710 **Wagenführ**, H., Oberingenieur der Allgem. Elektrizitäts-Gesellsch., Bremen, Wall 77/78.

Wallwitz, Franz, Direktor der Vulcan-Werke, Groß-Flottbek, Geibelstr. 4.

Warnholtz, Max, Direktor der Hamburg-Amerika-Linie, Hamburg, Alsterdamm 25.

Weber, Ed., Kaufmann, Hamburg, Brüggehaus.

Weber, Moritz, Professor an der technischen Hochschule zu Berlin, Nikolassee, Lückhofstraße 19.

1715 **Weber**, Richard, Fabrikant, Berlin-Neubabelsberg, Kaiserstr. 35.

Weber, Oberregierungsrat im Ministerium des Innern, Oldenburg.

Wedemeyer, Dr.-Ing., Hüttendirektor, Sterkrade, Rhld., Hüttenstr. 16.

Wegener, Erich, Dipl.-Ing., Charlottenburg, Charlottenburger Ufer 6.

Wehrlin, Harry, Oberingenieur, Berlin-Groß-Lichterfelde, Mittelstr. 6.

1720 **Weickmann**, Albert, Patentanwalt und Ingenieur, München - Bogenhausen, Steinbacher Straße 2 II.

Weidemann, Alex, Kaufm. Direktor d. Schinag, Schiffs-Inst. A.-G., Bremen, Domshof 26/30.

Weidert, Franz, Professor, Dr. phil., Direktor der optischen Anstalt „Goerz" A.-G., Berlin-Friedenau, Rheinstr. 45/46.

Weidtmann, Victor, Dr., Geheimer Bergrat, Generaldirektor, Schloß Rahe, Gemeinde Laurenberg, Landkreis Aachen.

Weise, Max, Kommerzienrat, Fabrikbesitzer, Kirchheim-Teck, Württemberg.

1725 **Weiss**, Julius, Dipl.-Ing., Direktor, Köln-Marienburg, Mehlemerstr. 33.

Weißhun, Friedr., Kaufmann, Kiel, Holstenstraße 64.

Welin, Axel, Ingenieur, The Welin Davit & Engineering Co., London E. C. 3, Hopetown House, Lloyds Avenue, Deutsche Welin-Gesellschaft m. b. H., Hamburg 36, Stadthausbrücke 13.

Weller, Bruno, Kaufmann, Potsdam, Jaarmunderstr. 1/2.

Welter, Otto, Regierungsrat, Waldkirch i. Breisgau, Baden.

1730 **Wempe**, Friedrich, Oberingenieur, Cassel-Wilhelmshöhe, Kunoldstr. 49.

Wendemuth, Dr.-Ing., Oberbaudirektor, Mitglied der Wasserbau-Direktion, Hamburg 14, Dalmannstr. 1.

Wendler, H., Maschinenbau-Dipl.-Ing., Hamburg 20, Haynstr. 32.

Wendt, Karl, Dr.-Ing., Mitglied des Direktoriums der Fried. Krupp A.-G., Essen, Ruhr.

Wenske, Wilhelm, Direktor, Zwickau, Sa., Schulgrabenweg 4.

1735 **Wermser**, Felix, Regierungsrat, Rendsburg, Saatsee.

Werner, Dr.-Ing., Fabrikbesitzer, Düsseldorf, Lindemannstr. 47.

Werner, Rich., Direktor der Siemens-Schuckert-Werke, Berlin-Siemensstadt.

Werners, Paul, Dipl.-Ing., Direktor von H. Büssing, Braunschweig, Elmstr. 40.

Wever, Adolf, Kaufmann, Hamburg, Esplanade 5.

1740 **Wever**, Paul, Zivilingenieur, Düsseldorf, Faunastraße 39.

Wiecke, A., Dr., Generaldirektor der Linke-Hofmann-Lauchhammer A.-G., Charlottenburg, Knesebeckstr. 59/60.

Wieland, Philipp, Dr.-Ing., Geheimer Kommerzienrat, Ulm a. D., Neutorstr. 7.

Wiemann, Fritz, Mitinhaber der Firma Gebr. Wiemann, Brandenburg a. H.

Wildenhahn, Max, Kaufmann, Berlin W 62, Lützowplatz 1.

1745 **Wilhelmi**, J., Ingenieur, Blankenese, Neuer Weg 17.

Wiligut, Imre, Ingenieur, Berlin-Wilmersdorf, Uhlandstr. 96 II.

Wilken, Heinr., Kaufmann, Hamburg, Isestr. 28.

Wilms, R., Oberingenieur u. Expert d. Bureau Veritas, Essen (Ruhr), Selmastr. 6.

Winkler, Vizeadmiral z. D., Exzellenz, Saarow b. Fürstenwalde (Spree), Haus Wiking.

1750 **Winter - Günther**, Berthold, Dr.-Ing., Geh. Baurat, Direktor, Nürnberg, Siemens-Schuckertwerke, Landgrabenstraße 100.

Wirtz, Adolf, Dr.-Ing., Dipl.-Ing., Vorstandsmitglied der Deutsch-Luxemburgischen Bergwerks- und Hütten-A.-G., Direktor d. Friedrich-Wilhelms - Hütte, Mülheim (Ruhr), Aktienstraße 15.

Wiß, Ernst, Ingenieur, Direktor der chem. Fabrik Griesheim-Elektron, Griesheim a. M., Feldstr. 2.

Wittenburg, H. F., Direktor der Rohrbogenwerke, G. m. b. H., Hamburg 23, Hagenau 73.

Wittmann, Rudolf, Ingenieur u. Geschäftsinhaber d. Gußstahlwerke Wittmann A.-G., Haspe i. W.

1755 **Woermann**, Paul, i. Fa. Woermann, Brock & Co., Hamburg, Gr. Reichenstr. 27.

Wolf, Georg, Ingenieur, Direktor der C. Lorenz A.-G., Berlin-Lichterfelde-Ost, Boothstr. 20.

Wolf, M., Fabrikbesitzer, i. Fa. R. Wolf, Maschinenfabrik, Magdeburg, Editha-Ring 5.

Wolfenstetter, Dipl.-Ing., Maschinenbau-Oberingenieur u. Prokurist, Bremen, A.-G. Weser, Bismarckstr. Nr. 199.

Wolff, Herm., G. R., Oberingenieur, Lübeck, Engelsgrube 54.

1760 **Wolff**, J., Fabrikdirektor, Kronberg i. Taunus, Burgweg 5.

Wolter, Friedr., Dipl.-Ing., Hamburg 39, Flemmingstr. 6.

Wriedt, Hans, Fabrikbesitzer, Kiel, Düsternbrook 36/37.

Würth, Albert, Dr.-Ing., Generaldirektor der Gebr. Körting A.-G., Körtingsdorf b. Hannover.

Zapf, Georg, Gen.-Dir., Dr., Köln-Mülheim.

1765 **Zapp**, Adolf, Ingenieur, i. Fa. Robert Zapp, Haus Schlatt b. Düsseldorf-Rath.

Zenker, Admiral, Excellenz, Chef der Marineleitung, Berlin W 10, Königin Augustastr. 38/42.

Ziegler, E. T., Ingenieur, Sterkrade (Rhld.), Steinbrink 108.

Zimmer, Aug., Schiffsmakler und Reeder, Fa. Knöhr & Burchardt Nfl., Hamburg 11, Neptunhaus.

Zimmermann, Oberingenieur, Berlin-Wilmersdorf, Helmstedter Str. 4.

1770 **Zöllich**, Hans, Dr. phil., Oberingenieur, Charlottenburg 9, Spandauer Berg 6 III.

Zürn, W., Mitinhaber und Leiter der Fa. W. Ludolph G. m. b. H., Lehe, Kurfürstenstr. 6.

6. Verstorbene Ehrenmitglieder:

SEINE KÖNIGLICHE HOHEIT
FRIEDRICH, GROSSHERZOG VON BADEN
(seit 1907) † 1907,

Rudolf Haack, Kgl. Baurat, früher Schiffbaudirektor der Stettiner Schiff- und
Maschinenbau A.-G. „Vulcan"
(seit 1908) † 1909,

Geo Plate, früher Präsident des Norddeutschen Lloyd
(seit 1911) † 1914,

Albert Ballin, Dr.-Ing., früher Vorsitzender des Direktoriums der Hamburg-Amerika-Linie
(seit 1911) † 1918,

Georg Claussen, Dr.-Ing., Kgl. Baurat, früher Direktor von
Joh. C. Tecklenborg A.-G., Geestemünde
(seit 1919) † 1919.

7. Verstorbener Inhaber der Goldenen Denkmünze:

Rudolf Veith, Dr.-Ing., Wirklicher Geheimer Ober-Baurat
(seit 1915) † 1917.

8. Verstorbener Inhaber der Silbernen Denkmünze:

Ludwig Gümbel, Dr.-Ing., Professor an der Techn. Hochschule in Berlin
(seit 1914) † 1923.

Abgeschlossen am 1. Dezember 1924.

Die Gesellschaftsmitglieder werden im eigenen Interesse ersucht, jede Adressenänderung sofort auf besonderer Karte der Geschäftsstelle anzuzeigen.

II. Bericht über das 26. Geschäftsjahr 1924.

Veränderungen in der Mitgliederliste.

Infolge der noch immer schwierigen Geschäftslage erfolgten auch in diesem Jahre noch weitere Austritte, sie waren aber bei weitem nicht mehr so umfangreich als im vorhergehenden Jahre. Es traten in die Gesellschaft 51 Mitglieder ein, verstorben sind 34 Mitglieder. Am 1. Dezember 1924 schloß die Liste mit 1771 Mitgliedern ab. Eingetreten sind:

a) als Fachmitglieder:

1. Buse, Dietrich, Dipl.-Ing., Vegesack.
2. Croseck, Heinrich, Dipl.-Ing., Kiel.
3. Flettner, Anton, Direktor, Berlin.
4. Graf, August, Ing., Hamburg.
5. Kiene, Robert, Schiffbau-Dipl.-Ing., Stettin.
6. Meienreis, Walther, Reg.-Rat, Berlin-Friedenau.
7. Meyer, Hans, Direktor, Bremen.
8. Mustelin, Bruno, Dipl.-Ing., Schiffbau-Ing., Abo.
9. v. Rohr, Joachim, Regierungsbaumeister, Stettin-Bredow.
10. Scharlibbe, Ludwig, Dipl.-Ing., Direktor, Berlin-Tegel.
11. Wiegel, Richard, Ober-Marinebaurat, Berlin.
12. Winter, Johann, Ing., Hamburg.

b) als Mitglieder:

13. Baierle, Ivo M., Kapitän, Lübeck.
14. Crass, Paul, Direktor der Germania-Werft, Kiel.
15. Dietrich, Alfred, Ober-Ing., Düsseldorf.
16. Dreyer, Richard, Fabrikant und Dipl.-Ing., Hannover.
17. Eurich, Karl, Dr.-Ing., Fabrikdirektor, Schweinfurt.
18. Fechter, Erich, Dipl.-Ing., stellvertr. Direktor, Königsberg.
19. Ferber, Constantin, Fregatten-Kapitän, a. D., Berlin.
20. Gentsch, Wilhelm, Geh. Reg.-Rat, Berlin-Wilmersdorf.
21. Harryers, Fritz, Direktor, Deggendorf.
22. Haspel, Richard, Direktor, Eberswalde.
23. Hellmich, W., Dr.-Ing., Direktor, Berlin.
24. Hemprich, Dipl.-Ing., Robert, Dresden-N.

25. Hoinkiss, Richard, Fabrikbesitzer, Annen, Westfalen.
26. Hiorth, Lens, Dipl.-Ing., Hövik-Kristiania.
27. Horth, H., Dr. Dipl.-Ing., Essen.
28. Huß, Carl, Dipl.-Ing., Patentanwalt, Berlin.
29. Krampe, Hugo, Direktor, Charlottenburg.
30. Lange, Hans, Kapitän, Karnin auf Usedom.
31. Lawrenz, Paul, Dipl.-Ing., Mannheim.
32. Litz, Valentin, Dr., Betriebsdirektor, Berlin-Tegel.
33. Lüdders, Peter, Fabrikant, Harburg.
34. Mühlberg, Johannes, Consul, Dresden.
35. Müller, Gustav, Dr.-Ing., Staatssekretär z. D., Verwaltungsdirektor der See-Berufsgenossenschaft, Hamburg.
36. Neubauer, Johannes, Dipl.-Ing., Hamburg.
37. Neureuther, Karl, Korvetten-Kapitän a. D., München.
38. Oettgen, Peter, Dr., Direktor, Görlitz.
39. Puck, Vorstandsmitglied der Reederei A.-G., 1896, Hamburg.
40. Radouloff, Konstantin K., Ing., Charlottenburg.
41. Rumpler, Edmund, Dr.-Ing., Berlin.
42. Schmitz, W., Dr., Duisburg.
43. Schrödter, Albert, Direktor, Hamburg-Langenhorn.
44. Urlaub, Paul, Ing. u. Fabrikbesitzer, Berlin.
45. Textor, Joh., Fabrikant, Charlottenburg.
46. Vetter, Ernst, Dr., Verlagsbuchhändler, Berlin.
47. Weidemann, Alex, Direktor, Bremen.
48. Weißhun, Friedrich, Kaufmann, Kiel.
49. Weller, Bruno, Kaufmann, Potsdam.
50. Wempe, Friedrich, Ober.-Ing., Cassel-Wilhelmshöhe.
51. Wermser, Felix, Regierungsbaurat, Rendsburg.

Es starben:

1. Alt, Otto, Oberingenieur, Kiel.
2. Boveri, Walter, Dr.-Ing., Baden.
3. Brennecke, W., Dr., Regierungsrat, Hamburg.
4. Brüll, Max R., Oberingenieur, Hamburg.
5. Carlson, Carl, Dr.-Ing., Inhaber der Schichau-Werke, Elbing.
6. Eckardt, Max, Baumeister, Hamburg.
7. Fitzner, R., Fabrikbesitzer, Laurahütte.
8. Hahn, M., Kapitän, Hamburg.
9. Held, R., Generaldirektor, Berlin.
10. Heynen, Eug., Direktor, Esch, Großherzogtum Luxemburg.
11. Kiel, Karl, Ingenieur, Hamburg.
12. Klose, A., Oberbaurat, München.
13. Kramer, Fritz, Direktor, Dockenhuden.
14. Lender, R., Kapitän, Neubabelsberg.

15. **Lindemann**, Paul, Oberbürgermeister a. D., Hamburg.
16. **Maas**, Carl, Werftbesitzer, Frauendorf.
17. **Mankiewitz**, Paul, Direktor, Berlin.
18. **Mentz**, Walter, Professor, Danzig.
19. **Meyer**, Bernhard, Dipl.-Ing., Papenburg.
20. **Nebelthau**, August, Kaufmann, Bremen.
21. **Praetorius**, Paul, Dr.-Ing., Marinebaumeister, Darmstadt.
22. **Protz**, Ad., Ingenieur, Elbing.
23. **Rickmers**, A., Bremen.
24. **Ruperti**, Oscar, Kaufmann, Hamburg.
25. **Schlick**, E., Hamburg.
26. **Schmelzer**, H., Ingenieur, Cassel.
27. **Schmidt**, Wilh., Dr., Baurat, Benneckenstein.
28. **Stinnes**, G., Kommerzienrat, Mülheim.
29. **Stoedtner**, Georg, Berlin.
30. **Surenbrock**, W., Direktor, Hamburg.
31. **Ulmer**, C., Direktor, Berlin.
32. **Weiß**, Otto, Zivilingenieur, Berlin.
33. **Welzel**, Alfred, Direktor, Ründeroth.
34. **Willemsen**, Friedrich, Schiffbau-Ing., Düsseldorf.

Wirtschaftliche Lage.

Aus der untenstehenden Abrechnung, die wie alle Geschäftsrechnungen des Jahres 1923 keinen Anspruch auf einen Einblick in die jeweiligen geldlichen Verhältnisse der Gesellschaft erheben kann, weil der Wert der Papiermark zwischen etwa 7000 Mark gleich 1 Dollar am Anfang des Jahres bis auf 4,2 Billionen Mark gleich 1 Dollar gegen dessen Ende schwankte, läßt sich nur so viel erkennen, daß wir ohne Schulden noch mit einem Kassenbestande von 26 G.-M. das Jahr 1924 beginnen konnten.

Die Jahresbeiträge gingen zuerst etwas schleppend ein, das besserte sich jedoch im Laufe des Jahres. 85 Mitglieder machten Gebrauch davon, den Jahresbeitrag in vierteljährlichen und 115 Mitglieder ihn in halbjährlichen Raten zu entrichten. Bis auf 10 Herren haben sämtliche lebenslänglichen Mitglieder den Jahresbeitrag bezahlt. Da der früher eingezahlte lebenslängliche Beitrag in der Inflationszeit vollkommen entwertet wurde, so können die lebenslänglichen Mitglieder von jetzt ab nur dann das Jahrbuch erhalten, wenn sie den laufenden Jahresbeitrag bezahlen. Neue lebenslängliche Mitglieder werden deshalb vorläufig auch nicht aufgenommen.

Das Vermögen der Gesellschaft belief sich vor dem Kriege auf 700 000 Mk. Es besteht heute noch aus

140 000 Mk. 5 % Kriegsanleihe,
200 000 Mk. 5 % Obligationen verschiedener Industriegesellschaften,
200 000 Mk. 3½% in das Staatsschuldbuch eingetragener preußischer Rente.

Nach den heutigen Kursen haben diese Papiere zusammen einen Wert von nicht viel über 1000 Mk.

Die Festsetzung des Jahresbeitrages und des Eintrittsgeldes auf 20 Mk., wie es früher viele Jahre bestand, ist unvermeidlich, wenn nur geringe Aufwendungen für die Instandhaltung der Bücherei gemacht werden sollen. In den letzten Jahren mußte auf das Allerknappste gewirtschaftet werden und ganze Jahrgänge wertvoller Zeitschriften ließen sich nicht mehr beschaffen. Diese Lücke muß jetzt nach und nach wieder ausgefüllt werden, weil sonst die Büchersammlung zwecklos sein würde. Sie ist im übrigen von der Regierung unter den Schutz der Verordnung über den Schutz von Denkmälern und Kunstwerken vom 8. Mai 1920 (Reichsgesetzblatt 1920, S. 913) gestellt worden, trotzdem wir darauf hingewiesen hatten, daß ihr Umfang nur ein sehr kleiner und auch ihre Werke keine übermäßig wertvollen seien.

Einnahmen.	1923.	Ausgaben.
1. Kassenbestand am 1. Januar 1923	536	1. Jahrbuch und Versand · 2 367 872
2. Bankguthaben am 1. Januar 1923	160 000	2. Gehälter . . . . · 25 700 861 380 250
3. Beiträge	35 752 047 568 883	3. Kanzleibedarf . . . . . · 5 470 519 839 508
4. Eintrittsgelder	350 003 600	4. Post . . . . · 65 366 008 735 321
5. Sonderbeiträge	222 600 000 000 000	5. Bücherei . . . . · 34 913 408
6. Einbände und Porto . .	150 138 014	6. Drucksachen . . . . . . · 1 793 226
7. Zinsen aus Wertpapieren	386 014 014	7. Spenden und Beiträge · 2 000
		8. Verschiedenes . . . . . · 96 750 475 133 218
		9. Postscheckbestand am 31. Dezember 1923 . . . · 37 350 000 000 000
		10. Kassenbestand am 31. Dezember 1923 . . . · 26 064 929 720 460
		11. Bankspesen und Unkosten . . . . · 1 650 100 000 000
	258 352 933 885 263	258 352 933 885 263

Geprüft und richtig befunden

Berlin, den 4. Juli 1924.

gez. C. Schulthes.　　　　　　gez. P. Krainer.

Fachausschuß.

Wie schon in der zweiten Hälfte des Jahres 1923 war es auch zu Beginn des Geschäftsjahres 1924 wegen der schwierigen Zeitverhältnisse leider nicht möglich, die Mitglieder des Fachausschusses in größerer Anzahl zu einer Sitzung zu vereinigen.

Die erste Sitzung des Fachausschusses konnte daher erst am 4. Juni 1924 stattfinden, und zwar in Hamburg anläßlich einer Probefahrt des Motorschiffes „Vulkan“. Hierzu waren die Mitglieder des Fachausschusses von den Vulkanwerken eingeladen.

Bei Beginn der Sitzung erfüllte der Vorsitzende die traurige Pflicht, die Mitglieder von dem Ableben des Herrn Oberingenieur Dr. Alt geziemend in Kenntnis zu setzen, und bat die Herren, sich zu Ehren des Verstorbenen von ihren Sitzen zu erheben.

Sodann wurde über die zur Beratung vorliegende technische Notiz „Verdrehungsschwingungen auf Motorschiffen" gesprochen. Dieselbe wird als technische Mitteilung des Fachausschusses in der Zeitschrift „Werft, Reederei und Hafen" zur Veröffentlichung kommen.

Hierauf berichtete Herr Geheimrat Busley, der Vorsitzende der Schiffbautechnischen Gesellschaft, welcher der Fachausschußsitzung beiwohnte, über die inzwischen erfreulicherweise eingetretene Besserung der wirtschaftlichen Lage der Gesellschaft.

Im Anschluß an die Sitzung nahmen die Mitglieder an einem Vortrag über das Vulkangetriebe und an den darauffolgenden Demonstrationen der Maschinenmanöver teil.

Tätigkeit der Gesellschaft.
a) Der Deutsche Verband technisch-wissenschaftlicher Vereine.

Über die laufenden bzw. neu aufgegriffenen Arbeiten des Verbandes geben wir folgenden Auszug:

Der VDI. beabsichtigt, einen Sitzungskalender in den VDI.-Nachrichten zu veröffentlichen. Hierbei sollen auch die Hauptversammlungen der befreundeten Vereine Berücksichtigung finden.

Der Deutsche Verband hatte auf Anregung des VDI. die Vorarbeiten zur World Power Conference am 6.—12. Juni in die Hand genommen. Über diese selbst ist inzwischen vom VDI. berichtet worden.

Auf Anregung des Herrn Prof. Matschoss wurde die Frage der Zentralbücherei beim Reichspatentamt von neuem wieder aufgegriffen. Bei Erörterung der beim Reichspatentamt erzielten Überschüsse anläßlich einer Sitzung im Reichsjustizministerium wurde darauf hingewiesen, daß diese Überschüsse nicht dazu da seien, an das Reich abgeführt zu werden, sondern es sollte ein Teil der Überschüsse zur Schaffung einer technischen Hauptbücherei, deren Grundstock in der Bücherei des Reichspatentamtes vorhanden ist, Verwendung finden. In einem Schreiben des Deutschen Verbandes an den Präsidenten des Reichspatentamtes bittet der Deutsche Verband im Sinne seiner Eingabe vom 30. April 1919 mit den maßgeblichen Regierungsstellen in Verhandlung zu treten, um die Schaffung einer technischen Hauptbücherei in die Wege zu leiten.

Vom Verein deutscher Eisenhüttenleute wurde angeregt, dahin zu wirken, daß die Verfasser von Artikeln bei Veröffentlichungen stets ihren vollen Namen, d. h. Vor- und Nachnamen, mit veröffentlichen sollten, da es oft große Schwierigkeiten macht, den Verfasser eines Aufsatzes einwandfrei zu ermitteln, wenn in der Quelle der Vorname nicht genannt ist; besonders da es zahlreiche Namen gibt, deren Träger man nicht unterscheiden kann, wenn nicht etwa die Vornamen vollständig und in ungekürzter Form angegeben sind.

Durch Herausgabe einer neu erschienenen Denkschrift des Preußischen Ministeriums für Wissenschaft, Kunst und Volksbildung wurde der Deutsche Verband auf die **Neuordnung des preußischen höheren Schulwesens** aufmerksam. Ein Schreiben des Herrn Prof. Hamel beleuchtete die Angelegenheit in noch schärferem Licht, so daß der Deutsche Verband sofort die so überaus wichtige Frage aufgriff und sich in einem Rundschreiben an seine Mitglieder um Stellungnahme zu dieser Frage wandte. Die darauf eingehenden Antwortschreiben zeigten, daß die Verbände der gleichen Ansicht des Deutschen Verbandes waren und sich den drei aufgestellten Forderungen an den Herrn Minister voll anschlossen.

Aus einer Reihe dem Deutschen Verband zugegangener Anträge aus den Kreisen der Industrie ging hervor, daß sich allgemein der Wunsch regte, die **unwirtschaftliche Mannigfaltigkeit im technischen Zeitschriftenwesen zu beseitigen**. Besonders störend wirken Drucksachen, die nicht das Normalformat haben, bei Aufbewahrung, Versand, Abgabe von Angeboten usw. Der Deutsche Verband rief daher Vertreter aller ihm angeschlossenen Vereine und Verbände sowie Vertreter zahlreicher Verlagsanstalten und Behörden zu zwei Sitzungen zur gemeinsamen Besprechung und Einigung auf das Normalformat zusammen. Etwa 33 führende technische Fachzeitschriften haben sich bereit erklärt, zum Normalformat A 4 310 $\times$ 297 mm überzugehen.

Auf Anfrage verschiedener Verbände, was der Deutsche Verband gegen die **Maßnahmen des Beamtenabbaues** unternehmen werde, wandte sich dieser an den Sparkommissar mit der Bitte um Angabe der Gesichtspunkte, die für den Beamtenabbau maßgebend sind, worauf ihm vom Sparkommissar geantwortet wurde, daß seiner Ansicht nach kein Anlaß zu einer Besorgnis, daß die Personalabbauverordnungen gegenüber den technischen Beamten „einseitig" und ohne Rücksicht auf die Verwaltungsbedürfnisse werde angewendet werden, vorliege. Die Grundsätze, nach denen die Regelung durchgeführt werden soll, böten gegen die ungerechtfertigte Benachteiligung einer einzelnen Berufsgruppe hinreichenden Schutz.

Beim Deutschen Ausschuß für das Schiedsgerichtswesen laufen gegenwärtig 17 Schiedsgerichte, wovon bereits 4 durch Einigung der Parteien bzw. Schiedsspruch ihre Erledigung gefunden haben.

Wegen Schaffung einer neuen Schiedsgerichtsordnung lud der Deutsche Ausschuß für das Schiedsgerichtswesen vor kurzem zu einer Besprechung ein, bei der auch Vertreter des Reichsverdingungsausschusses anwesend waren.

b) Der Deutsche Dampfkessel-Ausschuß

soll erst im Jahre 1925 wieder zusammentreten.

c) Der Deutsche Ausschuß für technisches Schulwesen.

Auch im Jahre 1924 hat der Datsch seine gemeinnützige Tätigkeit zur Förderung des gesamten deutschen Schulwesens weiter fortgesetzt. Während die Hochschulfrage im Vorjahre zu einem gewissen Abschluß gekommen war, sind die Fragen der mittleren Schulen in bezug auf Schiffbau und Schiffbetrieb noch im Fluß. Insbesondere wird in Zukunft auch der Frage der betrieblichen Ausbildung der Maschinisten und Ingenieure erhöhte Bedeutung beizumessen sein. Die wertvollen und weitgehenden Arbeiten des Datsch auf dem Gebiete neuzeitlicher Lehrmittel für Herstellung und Betrieb bedürfen in schiffbautechnischen Kreisen noch vielfach weiterer Einführung. Es sei daher auch an dieser Stelle auf die grundlegenden Arbeiten zur Ertüchtigung der Facharbeiter wie der Ingenieure besonders hingewiesen, die insbesondere in den Werkschulen der Industrie, dann aber auch in den technischen Schulen aller Art schon erheblichen Eingang gefunden haben. In letzter Zeit ist die Frage der Ausbildung der Seemaschinisten in Fluß gekommen. Bei der Bedeutung dieser Erörterung für die Weiterentwicklung im Schiffsmaschinenbetrieb wird dieser Frage volle Aufmerksamkeit gewidmet werden.

Im Berichtsjahre wurde es erstmalig wieder möglich, eine Tagung nebst Ausstellung in Hannover stattfinden zu lassen, ähnlich wie im Jahre 1921 in Kassel, in Verbindung mit der Hauptversammlung des VDI. Die gehaltenen Vorträge betrafen die Weiterentwicklung des Praktikantenwesens, also die praktische Vorbildung der Ingenieure. Auch die Facharbeiterausbildung wurde durch einen Vortrag über neuzeitliche Ausbildung der Gesellenprüfung behandelt. Für Erhöhung des menschlichen Wirkungsgrades des Facharbeiters durch Anlernen wurden in einem dritten Vortrage reiche Anregungen gegeben.

Eine große Anzahl von Ausstellungen in Hannover, Breslau und Karlsruhe usw. versucht, die wertvollen Arbeiten dem großen Interessenkreise der technischen Schulen, der Industrie und der Behörden zugänglich zu machen.

Nach Entlastung der Geschäftsstelle vom reinen Vertrieb durch dessen Übergabe an den Beuth-Verlag wird es möglich sein, im künftigen Jahre die Grundlagen des technischen Schulwesens in Verbindung mit den angeschlossenen Vereinen noch eingehender zu behandeln, als es bisher durch die zeitlichen und finanziellen Verhältnisse möglich war.

d) Der Deutsche Schulschiff-Verein

hat trotz großer Schwierigkeiten, die Mittel für die Fortführung seines gemeinnützigen Werkes aufzubringen, auch in diesem Jahre zu Mitte April und Mitte September wieder mehr als 100 ausgesucht tüchtige junge Leute auf seinem Schulschiffe „Großherzogin Elisabeth" eingestellt. Für die Ausbildung dieser zukünftigen Schiffsoffiziere ist im Herbst 1923 insofern eine Neuerung geschaffen, als ein Teil der Zöglinge dieses Schulschiffes nach einjähriger Ausbildungszeit in der Stellung als Leichtmatrose zur weiteren Ausbildung auf die frachtfahrenden Segelschulschiffe „Hamburg" und „Oldenburg" übergeht. Letztere beiden Schiffe sind von einem aus den größeren Dampfschiffahrtsgesellschaften gebildeten Konsortium lediglich zu dem Zwecke erworben und in Dienst gestellt worden, um wegen der Verringerung der deutschen Segelschiffsflotte einen ausreichenden Schiffsoffiziersersatz sicherzustellen, und um durch die vorzeitige Übernahme der Zöglinge vom Schulschiffe „Großherzogin Elisabeth" auf diesem mehr Plätze für neuaufzunehmende Jungen freizumachen.

Für den Besuch der Seefahrtschule zur Ablegung der Seesteuermannsprüfung sind mindestens 45 Monate Seefahrzeit nachzuweisen, wovon, wie noch nicht überall bekannt, fortan nur 24 Monate auf Segelschiffen in irgendeiner Dienststellung abgefahren sein müssen. Diese Segelschiffsfahrzeit wird den vom Deutschen Schulschiff-Verein angenommenen jungen Leuten voll vermittelt.

Der große Andrang von jungen Leuten zum Seemannsberuf hat eine ungesunde Begleiterscheinung ins Leben gerufen: die sogenannten „wilden Schulschiffe". Vereinzelt waren kleine Segelschiffsreedereien dazu übergegangen, sich durch die gegen hohes Entgelt erfolgende Anmusterung einer unverhältnismäßig großen Anzahl unbefahrener Schiffsjungen billige Arbeitskräfte an Bord zu verschaffen, ohne ihnen eine Ausbildung und Erziehung zu geben, die an Sorgsamkeit und Vielseitigkeit den Leistungen des Deutschen Schulschiff-Vereins auch nur irgendwie entspricht. Vor allen Dingen durfte bei solchen Versuchen die Zahl der befahrenen Mannschaft nicht heruntergedrückt werden. Unheilvolle Folgen sind leider nicht ausgeblieben, was aus der Strandung und dem Totalverlust der neben einer viel zu kleinen Stammannschaft und unzulänglichen Offizieren mit 19 unbefahrenen sogenannten Kadetten besetzten Bark „Bohus" am 26. April dieses Jahres bei Yell Island (Shetlands) hervorgeht, bei welchem Unfall vier Leute der Besatzung ihr Leben verloren. — Es hat sich inzwischen schon aus Kreisen der Reedereien, des Schulschiff-Vereins sowie der Kapitäne und Schiffsoffiziere eine Kommission gebildet, um solchen Auswüchsen zu begegnen.

Wie im vorigen Jahre hat sich das Schulschiff „Großherzogin Elisabeth" auch auf seiner letzten Winterreise, die die Häfen von Santa Cruz (Teneriffa), Rio de Janeiro, Buenos Aires, Montevideo und Pernambuco berührte, als Pionier für die Seegeltung unseres Vaterlandes erwiesen, wobei das taktvolle Auftreten der Offiziere und Zöglinge nach den Berichten unserer Auslandsvertreter in bestem Sinne gewirkt hat.

Während dieser letzten Winterreise waren 9 Offiziere, 15 Unteroffiziere und 184 Zöglinge, insgesamt also 208 Personen an Bord des Schulschiffes „Großherzogin Elisabeth"; diese Zahl hat sich in der diesjährigen Sommerreise durch die Ostsee um einige Köpfe verringert.

In der am 23. Juni dieses Jahres in Travemünde stattgefundenen Mitgliederversammlung wurde der Jahresbeitrag für persönliche Mitglieder auf 50 Mk. und für gesellschaftliche Mitglieder (Firmen) auf mindestens 100 Mk. festgesetzt. Der weitaus größte Teil der deutschen Reedereien, darunter fast vollzählig die größten deutschen Dampfschiffahrtsgesellschaften, hatte sich vorher schon freiwillig dazu erboten, dem Deutschen Schulschiff-Verein einen Jahresbeitrag von 5 Pf. für jede Bruttoregistertonne ihrer Flotte zu zahlen. Bei dieser Beitragsleistung der deutschen Reedereien, die etwa ein Drittel der Gesamtbeiträge ausmacht, ist der Fortbestand der Ausbildungstätigkeit auf dem Schulschiffe „Großherzogin Elisabeth" gesichert. Zu wünschen wäre es, daß der Deutsche Schulschiffverein in allen Kreisen, besonders denen, die der Schiffahrt und dem

Überseehandel nahestehen, weitgehende Unterstützung findet; ihm ist es zu einem guten Teile zu danken, daß Deutschlands Schiffe an Sicherheit der Schiffsführung, Pünktlichkeit und Ansehen die Schiffe der anderen Nationen übertreffen.

e) Der Deutsche Seeschiffertag

wurde am 7. und 8. April unter dem Vorsitz des Reeders Herrn Hahn in Berlin abgehalten.

1. Tag.

Vor dem Eintritt in die Tagesordnung gab der Vorsitzende die Ernennung des Ministerialdirektors a. D. v. Jonquières zum Ehrenmitglied des Deutschen Nautischen Vereins bekannt und beleuchtete dann

Die Lage der deutschen Seeschiffahrt, worauf er seine Rede mit folgenden Worten beendete:

Ich will diese Ausführungen damit schließen, daß ich der Hoffnung Ausdruck gebe, daß sich in allen beteiligten Kreisen die Überzeugung durchsetze, daß die deutsche Seeschiffahrt, dieses wichtige Glied in dem gesamten deutschen Wirtschaftsleben, sich nur dann weiterentwickeln kann, und nur dann zur Wiederaufrichtung der deutschen Wirtschaft ihren Teil beitragen kann, wenn ihr die Möglichkeit zum Leben, zur wirtschaftlichen Fortführung ihres Betriebes gegeben wird. Die deutsche Reederei ist sich ihrer nationalen Aufgabe stets bewußt gewesen. Sie wird diese Aufgabe auch weiter unter Anspannung aller Kräfte zu erfüllen streben.

Seeschiffahrt und Konsulatswesen erörtert Herr Kapitän Cordes. Nach den zur Verlesung gebrachten Ansichten des Korreferenten Herrn N. Schoppen und einiger Bemerkungen der Herren Sturm, Schmidt und Schrödter beschließt der Seeschiffertag:

„Es wird ein Ausschuß eingesetzt, um Richtlinien aufzustellen, die folgende Fragen betreffen:

1. Die Ersetzung einzelner Wahlkonsulate an wichtigen Hafenplätzen durch Berufskonsuln.
2. Die Ernennung von Handelsschiffssachverständigen aus den Kreisen der Nautiker, die den größeren Generalkonsulaten der Hafenstädte beigegeben werden sollen und für einen Küstenbezirk zuständig sind.
3. Die Aufgabe von Vertragsbestimmungen in allen deutschen Staats-, Handels-, Schiffahrts- und Konsularverträgen in Hinsicht auf die Funktionen der deutschen Konsulate im Schiffsverkehr als Seemannsämter und Polizei.“

Lotsenpflicht im Nord-Ostsee-Kanal wird von Herrn Kapitän Oertel besprochen. Nach kurzen Einwendungen der Herren Fieslack, Schmidt, Freyer und Sartori nimmt der Seeschiffertag folgende Entschließung an:

Der 11. Deutsche Seeschiffahrtstag ersucht den Herrn Reichsverkehrsminister, eine Ausdehnung der Aufhebung der Lotsenpflicht auf Schiffe über 500 t Brutto-Raumgehalt und 3 m Tiefgang abzulehnen und die seit dem

1. April 1924 eingeführte Vergünstigung für Schiffe bis zu 500 t und 3 m Tiefgang möglichst bald wieder aufzuheben.

Seeunfalluntersuchungsgesetz leitet Herr Schrödter mit der Darstellung des Werdeganges der bisherigen Bestrebungen auf eine Abänderung des Gesetzes ein. Nachdem er von dem Korreferenten Herrn Kapitän Simonson im allgemeinen unterstützt worden war und sich noch die Herren Kümpel, Schilling, Werner, Warnecke und Reinbeck ausgesprochen hatten, nimmt der Seeschiffertag folgenden Antrag an:

Es wird ein neungliedriger Ausschuß eingesetzt mit dem Auftrage, sofort in Tätigkeit zu treten, sobald die Regierung mit einem Vorentwurf II oder überhaupt mit einem Entwurf zum Seeunfallgesetz bis zum nächsten Seeschiffahrtstag hervortreten sollte.

Nach Genehmigung dieses Antrages erklärte Herr Geh. Justizrat Dr. Werner im Namen des Reichswirtschaftsministers, daß die Notwendigkeit einer Abänderung des 1877er Gesetzes anerkannt werde. Der Seeschiffahrtstag wolle dem Reichswirtschaftsministerium entsprechende Vorschläge unterbreiten.

2. Tag.

Außerhalb der Tagesordnung sprachen:

Der Syndikus der Gesellschaft zur Rettung Schiffbrüchiger, Herr Dr. Rösing, über die große Notlage der Deutschen Gesellschaft zur Rettung Schiffbrüchiger.

Nach längeren Ausführungen brachte er folgenden Antrag ein, der angenommen wurde:

Der Seeschiffahrtstag hält es für dringend erwünscht, daß die Gesellschaft zur Rettung Schiffbrüchiger durch vermehrte Beihilfe in den Stand gesetzt wird, ihre Rettungseinrichtungen nicht nur einwandfrei zu unterhalten, sondern sie auch den Fortschritten der Technik entsprechend weiter zu vervollkommnen. Er unterstützt die hierauf gerichteten Bestrebungen der Gesellschaft auf das lebhafteste.

Verbesserung der Eismeldungen. Herr Konsul Sartori stellt folgenden einstimmig angenommenen Antrag:

Für die Verbreitung der Nachrichten über Eisverhältnisse in See ist größte Beschleunigung erforderlich, da die Eisverhältnisse mit Wind und Strom in wenigen Stunden wechseln. Eine einmal täglich von Hamburg aus erfolgende Verbreitung der von den Landstationen oft unter beschränkter Sicht gemachten Beobachtungen wird zu spät und genügt daher nicht. Um der Schiffahrt von Nutzen zu sein, ist eine in kurzen Zeitabständen, etwa zweistündlich folgende Berichterstattung der Landstationen über Eistrift und eisfreie Wege notwendig und dazu die Mitwirkung aller von See kommenden oder, soweit sie über F.-T. verfügen, in See befindlichen Schiffsführer. Wichtigster Brennpunkt des in schweren Eiswintern gefährdeten Verkehrs in der westlichen Ostsee ist Holtenau bei Kiel als Ostmündung des Kaiser-Wilhelm-Kanals. Der 11. Seeschiffahrtstag hält es für dringend notwendig, daß dort eine Sammelstelle eingerichtet wird zur jederzeitigen Bekanntgabe der zu dem Zeitpunkt an den einzelnen Schiffahrtswegen vorliegenden Eisverhältnisse, an Hand der auf obiger Grundlage, unter Mitwirkung aller Landbeobachtungs- und Funkstellen, F.-T.-Schiffsstationen und persönlicher Meldungen der Schiffsführer, laufend eingehenden und mit genauer Angaben über Zeit, Ort, Wind und Strom zu versehenden Beobachtungen.

Verbesserung der Nebelsignalmittel. Herr Kapitän Cordes verlas das Referat des dienstlich verhinderten Kapitäns Johnson, auf Grund dessen folgende Entschließung angenommen wurde:

Der 11. Deutsche Seeschiffahrtstag erachtet es für erforderlich, um Leben und Eigentum auf See eine größere Sicherheit zu geben, daß eine Kommission eingesetzt wird, die über folgende Vorschläge berichten soll:

1. Erhöhung der Sichtweite der Dampfertopplaterne und aller anderen Lampen einschließlich Heck- und Ankerlaterne.
2. Vergrößerung der Mindesthörweite der Nebelsignale der Dampfer und Motorschiffe.

Schiffahrtsbelange in den Reichsministerien. Der Referent, Herr A. Gildemeister, berichtet über die Stellungnahme des Reichstages zu dieser Frage in seiner vorletzten Sitzung vom 12. März und über die Gründe, die zu dieser Entschließung des Reichstages geführt haben. Es handelt sich um einen Antrag vor dem Verkehrsausschuß des Reichstages, dem 42er Ausschuß, der entsprechend einem vom Referenten gestellten Initiativantrage einstimmig beschlossen worden war und der ebenso im Reichstage am 12. März einstimmige Annahme gefunden hatte. Dieser Antrag lautete:

„Die Reichsregierung zu ersuchen, die jetzt beim Reichswirtschaftsministerium bestehende Seeschiffahrtsabteilung im Interesse der Hochseeschiffahrt und der deutschen Seehäfen als selbständige Zentralbehörde außerhalb des Reichsverkehrsministeriums bestehen zu lassen."

Der Korreferent, Herr Kapitän Müller, stellt hierzu noch den Antrag, der XI. Seeschiffahrtstag hält es für erforderlich:

1. Die Deutsche Seewarte mit allen Rechten einer selbständigen Provinzialbehörde direkt dem Chef der Marineleitung zu unterstellen.
2. Dem Präsidenten der Deutschen Seewarte die Befugnis einzuräumen, den Etat der Seewarte selbst im Reichstag zu vertreten.
3. Dem Beirat der Seewarte erhöhte Bedeutung beizumessen und diesen mindestens halbjährlich einmal einzuberufen und ferner dem Beirat ein Einspruchs- und Vorschlagsrecht bei der Besetzung der Stelle des Präsidenten und bei der Besetzung der Stellen der Beamten der Hauptagenturen einzuräumen.

Nach einer Erörterung, an der sich die Herren N. Schoen, Butz und Schrödter beteiligten, wird dieser Antrag angenommen und schließlich die folgende Entschließung gefaßt:

„Der XI. Deutsche Seeschiffahrtstag spricht sich mit Entschiedenheit gegen eine Übertragung der bisherigen im Reichswirtschaftsministerium zur allgemeinen

Zufriedenheit wahrgenommenen Schiffahrtsbelange auf das Reichsverkehrsministerium aus. Der Deutsche Seeschiffahrtstag begrüßt daher lebhaft den am 12. März erfolgten Beschluß des Reichstages, soweit hiernach die Schiffahrtsabteilung des Reichswirtschaftsministeriums dort verbleiben soll."

Anwendung der Stabilitätslehre auf die Schiffsführung. Herr Ingenieur **Johns** gab einen Überblick über die vielen bereits vorhandenen Mittel zur Stabilitätsbeurteilung und die vielen Versuche, die man auf diesem für die Sicherheit der Schiffahrt so bedeutsamen Gebiet bereits unternommen hat. Nach Ansicht des Redners fehlt nur die Aufstellung einheitlicher, jedem Kapitän verständlicher Bestimmungen, die es ihm ermöglichen, die auf Grund der Stabilitätsgesetze ermittelten Anhalte für die Stabilitätsbeurteilung dem Bordgebrauch entsprechend anzupassen und von der Seeberufsgenossenschaft als zuständige Instanz genehmigt zu erhalten. Es sollte nicht mit überwindlichen Schwierigkeiten verbunden sein, aus den vielen Ausarbeitungen eine Vereinbarung darüber zu treffen, welche Teile sich für den praktischen Gebrauch an Bord am besten eignen. Redner schlug vor, eine aus Kapitänen gebildete Kommission zu ernennen, die das vorhandene Material sichtet und der Seeberufsgenossenschaft endgültige Regeln in einfachster Form in Vorschlag bringt.

Nachdem sich zu dem Vortrage noch die Herren Dr.-Ing. **Foerster**, Professor **Pagel**, Professor Dr. **Bolte** und Dr.-Ing. **Commentz** geäußert hatten, wurde die weitere Behandlung der Angelegenheit einem Ausschuß überwiesen.

Technisch wissenschaftliche Fragen der Motorschiffahrt. Der Vortragende, Herr Dr.-Ing. **Commentz**, Hamburg, wies einleitend darauf hin, daß der gegenwärtige Anteil der Motorschiffe an der Welthandelsflotte nur etwa 2,7% beträgt, daß dagegen die im vergangenen Jahre gebauten Motorschiffe $10^1/_4\%$ der insgesamt fertiggestellten Schiffe umfassen und daß sich am Ende des Jahres 1923 unter den in Bau befindlichen Schiffen 26% Motorschiffe befinden; der Anteil der Motorschiffe an der im letzten Vierteljahr des Jahres in Auftrag gegebenen Tonnage beträgt sogar 45%.

Seine wohlbegründeten und lehrreichen Ausführungen schließt der Redner mit den Worten: Beschleunigt wird diese Entwicklung durch die außerordentlich hohen Subventionen werden, welche Amerika und England für den Bau von Motorschiffen bereitgestellt haben. Die wirtschaftlichen Aussichten der Weltschiffahrt werden aber durch diese Maßnahmen und überhaupt durch eine außergewöhnlich schnelle technische Veraltung des Hauptteiles der Handelsflotte nicht günstig beeinflußt werden.

Der Vortrag ruft eine längere Erörterung hervor, an der sich die Herren Dr.-Ing. **Foerster**, Prof. **Laas** und Ob.-Ing. **Goos** beteiligen, deren Ausführungen der Redner in seinem Schlußwort teils zustimmt, teils sie aber auch bekämpft.

Ausbildungs- und Prüfungsvorschriften für Seemaschinisten und Schiffsingenieure. — Ausbildung des Maschinenpersonals der Motorschiffe. Der Referent, Herr Oberregierungsrat Dr.-Ing. **Jahn**, wies einleitend darauf hin, daß der Wiederaufbau der Handelsschiffahrt von einer sprunghaften Entwicklung der Schiffsmaschinentechnik begleitet wird und der schwere wirtschaftliche Druck der Nachkriegszeit und die Aussichten deutscher Reedereien auf harte zukünftige Konkurrenzkämpfe mit der Welttonnage beim Wiederaufbau der Handelsflotte die Notwendigkeit ergeben, in jeder Schiffseinheit, soweit es die Sicherheitsrücksichten zulassen, ein Höchstmaß an Wirtschaftlichkeit auszubilden. Alle Errungenschaften des Maschinenbaues und die großen Erfahrungen der Kriegszeit werden heute der Verwirklichung dieses Zieles nutzbar gemacht. Dampfturbinen, Ölmotore, Ölheizung, elektrische Anlagen, Heißdampf und eine große Anzahl neuartiger Hilfsanlagen sind die Mittel zum Zweck, diese Umstellung auf höchsterreichbare Wirtschaftlichkeit im Schiffsbetriebe herbeizuführen. Der Umstand, daß sich heute unter der aufgelegten Welttonnage kaum ein Motorschiff befindet, muß als ein Fingerzeig aufgefaßt werden für die kommenden Kämpfe, in denen die Wirtschaftlichkeit des Einzelbetriebes voraussichtlich für die Konkurrenzfähigkeit der einzelnen Schiffahrt treibenden Länder mitentscheidend sein wird. Maschinenanlagen und Bedienungspersonal gehören aber als Mittel zur Erzielung höchster Wirtschaftlichkeit zusammen. Erfindet man neue Anlagen, so muß man sich auch ein Personal, welches die Handhabung derselben in bester Weise beherrscht, dazu erziehen. Die Ausbildung des technischen Personals bewegt sich heute jedoch bei uns noch in ganz veralteten Bahnen, und es besteht kein Zweifel, daß eine Umstellung seiner Ausbildung so schnell wie möglich erfolgen muß.

Auf eine längere Erwiderung des Korreferenten, Herrn Ob.-Ing. Goos, und verschiedener Einwendungen der Herren Müller, Schau, Bolte, Wippern und Schultze wird folgende Entschließung gefaßt:

Der XI. Deutsche Seeschiffahrtstag ist der Ansicht, daß die Reform des Ausbildungs- und Prüfungswesens der Seemaschinisten und Schiffsingenieure unter Benutzung der vorliegenden Entwürfe nach den Grundsätzen des Ausbildungswesens des Seeschiffahrtstages unter Anhörung der Länder und der Interessenten energisch fortgeführt wird.

Rundfunk und Schiffsfunkverkehr. Der Vortragende, Herr Behner, Direktor der Deutschen Betriebsgesellschaft für drahtlose Telegraphie, beendet seine sehr beachtenswerten Ausführungen mit den Worten: Rundfunk ist eine kulturelle Bewegung, die, durch Staatsautorität gefügt und gelenkt, Segen verbreiten kann. Sie so zu gestalten, daß wirtschaftliche Notwendigkeiten wie der Schiffsfunkverkehr nicht gehindert und gestört werden, ist Aufgabe der mit dem Rundfunk betrauten Behörden und Kreise. In erster Linie die wirtschaftlichen Notwendigkeiten, in zweiter Linie erst Unterhaltung und Vergnügen!

Hiermit war die Tagesordnung erschöpft, und der XI. Deutsche Seeschiffertag wurde vom Vorsitzenden geschlossen.

f) Der Ausschuß für wirtschaftliche Fertigung.

Aus Mangeln an Mitteln und wegen der schwierigen wirtschaftlichen Verhältnisse hat der Ausschuß für wirtschaftliche Fertigung während der Inflationszeit seine Arbeiten ganz erheblich einschränken müssen und konnte erst nach Eintritt der Stabilisierung wieder daran denken, die Geschäftsstelle auszubauen und seine Tätigkeit in größerem Umfange aufzunehmen. Inzwischen sind eine Reihe von Arbeitsergebnissen in Form von Büchern, Merkblättern, Betriebs-blättern, Tafeln, Karten usw. herausgegeben worden. Der leitende Gedanke bei allen Arbeiten ist immer der, in Zusammenarbeit mit anerkannten Wissen-schaftlern und Fachleuten aus allen Zweigen von Industrie und Handel die Tätigkeit so durchzuführen, daß möglichst alle Ergebnisse in der Praxis un-mittelbar verwertet werden können. In Erkenntnis der großen Wichtigkeit, die solche Arbeiten besonders in Zeiten wirtschaftlichen Tiefstandes für die Industrie haben, da gerade dann eine bessere, schnellere und billigere Produktion erforderlich ist, sind die Aufgaben der einzelnen Ausschüsse mit allen Mitteln weiter gefördert und zum Teil neue in Angriff genommen worden.

Im wesentlichen wurden folgende Arbeiten in den einzelnen Gebieten geleistet:

Der Ausschuß für graphische Rechenverfahren, dessen Obmann Herr Dipl.-Ing. Winkel ist, hat die Aufgabe, die Vorzüge des graphischen Rechnens und die Anwendbarkeit der verschiedenen Verfahren zu erörtern. Als Mittel hierzu werden Merkblätter zur Selbstanfertigung von Rechentafeln ausgearbeitet, ferner sind für bestimmte Sonderaufgaben fertige Rechentafeln herausgegeben, um die in der Praxis tätigen Ingenieure und Werkmeister von der umständlichen und daher zeitraubenden Ausrechnung häufig gebrauchter Werte aus oft nicht einfach gebildeten Formeln zu entlasten.

In dem Arbeitsgebiete Werkstoffe ist nunmehr das Buch über das Eisen-kohlenstoffdiagramm von Ing. Chemiker Krause herausgegeben worden.

Das Gebiet der einfachen Werkstoffprüfung ist von neuem in Angriff genommen. Zweck ist es hier, für bestimmte Materialien einfache Verfahren auszuarbeiten, die es gestatten, ohne komplizierte Maschinen und geschulte Fachleute Güte und Zweckmäßigkeit eines Werkstoffes festzustellen. Die Herausgabe erfolgt in Form der üblichen Betriebsblätter.

Die Frage der Abfallverwertung wird in Verbindung mit der Hauptstelle zur Förderung der Altstoff- und Abfallverwertung gemeinsam bearbeitet.

Der Ausschuß für Maschinen- und Handarbeit unter der Obmann-schaft des Herrn Dir. Dr. Litz ist gebildet, um die Grundlagen der mit der Kalkulation zusammenhängenden Fragen zu untersuchen, die dabei gebrauchten Begriffe festzulegen und Erfahrungswerte für die Kalkulation zwecks allgemeiner Verwendbarkeit zu sammeln und zu sichten. Dabei hat es sich als zweckmäßig herausgestellt, die Aufgaben für Maschinenarbeit und für Handarbeit, soweit es irgend möglich war, getrennt zu behandeln.

Der Unterausschuß für Maschinenarbeit hat Hilfsmittel zur Bestimmung der Schnittzeiten an Werkzeugmaschinen geschaffen, nämlich: Maschinen-leistungskarten, bei denen die graphische Ermittlung der Schnittzeiten eine klare Übersicht über das gegenseitige Abhängigkeitsverhältnis bei Änderung der einzelnen Faktoren ermöglicht; für reine Verwaltungszwecke (Inventar-verzeichnis, Abschreibungen u. dgl.) dient die Maschinenstammkarte. Zur Zeit werden Richtwerte für Schnittgeschwindigkeit und Vorschub bei der Bearbeitung verschiedenartiger Werkstoffe aufgestellt, die durch eingehende Versuche in den Betrieben der mitarbeitenden Firmen praktisch erprobt werden. — Der Unterausschuß für Handarbeit hat Vordrucke für Arbeitszeitmessungen ausgearbeitet, um Einheitlichkeit bei der Durchführung von Zeitaufnahmen zu erreichen, damit deren Ergebnisse sich unmittelbar vergleichen lassen und für Zeitnormen verwendet werden können. Die Arbeitsunterweisungskarten dienen dazu, bei häufig wiederkehrenden Arbeiten alle für die Ausführung einer Arbeit erforderlichen Angaben ein für allemal im Arbeitsbüro festzulegen. Das letzte Arbeitsergebnis dieses Ausschusses sind die „Richtlinien für die Einführung des Zeitakkordes", in denen die grundlegenden Gesichtspunkte für diese Maßnahmen übersichtlich zusammengestellt sind. Zur Zeit befaßt sich der Unterausschuß mit der Schaffung von Richtlinien für die Feststellung und Messung von Zeitzuschlägen bei Akkordarbeiten.

Aufgabe des Arbeitsausschusses für Energieleitung unter der Obmannschaft des Herrn Prof. Dr.-Ing. e. h. Rudeloff ist es, die Verluste, welche durch die Leitung der Energie von der Erzeugungs- bis zur Verbrauchsstelle entstehen, festzustellen, sowie Mittel und Wege anzugeben, wie sie weitgehend vermindert werden können. Die einzelnen Gebiete werden durch besondere Unterausschüsse bearbeitet, wie den Unterausschuß für Lagerversuche, der in enger Fühlung mit der Gesellschaft für Metallkunde steht, den Unterausschuß für technische Ölverwendung, den Unterausschuß für Riemenprüfung.

Der Unterausschuß für Lagerversuche hat eine Reihe von Untersuchungen angestellt für den Vergleich von Lagermetallen verschiedenster Zusammensetzung, die nach dem Hanfstengelschen Klötzchenverfahren durchgeführt wurden. Weitere Versuche über Vergleiche zwischen Gleit- und Kugellagern sind abgeschlossen worden.

Im Unterausschuß für technische Ölverwendung sind wichtige Erkenntnisse gewonnen worden bei der Untersuchung über die Ursache von Veränderungen sowie Beseitigung schädigender Einflüsse an Ölen im Betriebe, vornehmlich bei Anwendung in Turbinen, Transformatoren und Transmissionslagern. Bei den Untersuchungen in der Physikalisch-Technischen Reichsanstalt über Verlagerung umlaufender Wellen, Messung des Kraftverbrauchs von Schmiermitteln im Betriebe, Auswahl des richtigen Öles usw. sind neue Meßmethoden in Anwendung gebracht, wodurch die Meßtechnik einen großen Schritt weiter entwickelt wurde.

Im Unterausschuß für Riemenprüfung sind Messungen an Riementrieben über Kraftverlust durch Dehnungsschlupf, Gleitschlupf und sonstige ungünstige Wirkungen gemacht worden.

Untersuchungen über Triebwerke und deren Wirtschaftlichkeit sowie Versuche über Wirtschaftlichkeit von Einzel- und Gruppentrieben sind im Gange.

Der Ausschuß für wirtschaftliches Förderwesen unter der Obmannschaft des Herrn Prof. Dr.-Ing. e. h. Aumund befaßt sich mit der zusammenfassenden Bearbeitung aller Fragen auf dem Gebiete des Förderwesens in der Industrie zur Erzielung größerer Wirtschaftlichkeit. Dieses Ziel soll erreicht werden durch Förderung und Anwendung der zweckmäßigsten Transportmittel, Anordnung der Lagerung mit Rücksicht auf den Transport, Anregung und Unterstützung von wirtschaftlichen Vergleichsversuchen, Prüfung von Transportarbeiten hinsichtlich Ausschaltung von Unfällen. Bei den Arbeiten wird besonderes Gewicht gelegt auf eine Vereinheitlichung der Fördermittel durch Ausschaltung unwirtschaftlicher Typen.

Ein Unterausschuß für gleislosen Werkstättenbodenverkehr hat die Vereinheitlichung aller für diesen Verkehr benötigten Fördermittel im Auge. Zunächst erfolgte die systematische Einteilung der für diese Zwecke verwandten Transportgeräte unter gleichzeitiger Festlegung einheitlicher Bezeichnungen. Im weiteren Verlauf der Arbeit sind dann in enger Fühlungnahme mit dem Normenausschuß der deutschen Industrie Normblattentwürfe für eine Reihe von Teilen des Unterbaues aufgestellt worden. So sind Entwürfe für Achsen, Laufräder, Lenkrollen usw. entstanden.

Auch bei anderen Fördergebieten wird in ähnlicher Weise vorgegangen, so daß bereits Ausschüsse für Schienenbahnen und für Dauerförderung in Bildung begriffen sind.

Im Ausschuß für Bureauorganisation unter der Obmannschaft des Herrn I. R. Breiter, sind eine Reihe namhafter Organisatoren aus den verschiedenen Wirtschaftszweigen, sowie Vertreter von Behörden vereinigt, um alle in Industrie, Handel und Verwaltung immer in ähnlicher Weise wiederkehrenden bureaumäßig zu erledigenden Aufgaben zu untersuchen und dafür einfache und zweckentsprechende Lösungen zu finden. Besondere Arbeitsgruppen sind gebildet worden, welche die ihnen zugewiesenen Teilaufgaben eingehend erörtern und das Ergebnis dem Ausschuß zur Stellungnahme und Genehmigung unterbreiten. Auf diese Weise sind die Arbeiten zur einheitlichen Ausgestaltung des Geschäftsbriefbogens abgeschlossen und als Normblatt 676 vom NDI. herausgegeben. Zur Vereinheitlichung der Vordrucke im Geldverkehr ist zunächst zusammen mit Vertretern des Bankgewerbes ein Entwurf für einen Normscheck ausgearbeitet, der zur Zeit praktisch erprobt wird. Neben der Herausgabe eines Betriebsblattes: „Instandhaltung der Schreibmaschine", ist die Ausarbeitung der „ABC-Regeln für das Ordnen von Schriftstücken und das Anlegen von Verzeichnissen" so weit gefördert worden, daß die Arbeit kurz vor dem Abschluß steht. Weiterhin sind gegenwärtig in Bearbeitung: Bureau-Warenverzeichnis, Bearbeitung der Schriftstücke, Farben und Zeichen im Geschäftsverkehr, Eignungsprüfung für Bureauangestellte.

Der Ausschuß für Selbstkostenwesen hat aus den reichhaltigen Veröffentlichungen auf diesem Gebiet die allgemeingültigen Grundsätze herausgeschält und sie in dem vom Ausschuß für wirtschaftliche Fertigung herausgegebenen „Grundplan der Selbstkostenberechnung" zusammengefaßt. Damit sind überaus wertvolle Anregungen zu einer einheitlichen Ausgestaltung der Kostenermittlung, sowohl für Großbetriebe, als auch für kleinere Firmen, gegeben. — In der ebenfalls vom Ausschuß für wirtschaftliche Fertigung herausgegebenen Abhandlung „Selbstkosten und Erfolg in Buchhaltung, Nachrechnung und Vorrechnung" hat der Obmann des Ausschusses, Herr Dir. Peiser, die grundsätzlichen Aufgaben der beiden Teile des industriellen Rechnungswesens, der Hauptbuchhaltung und der Betriebsrechnung, erörtert und Richtlinien gegeben für die Verarbeitung der umfangreichen und vielseitigen Zahlenangaben im Fabrikationsbetriebe bei Massen-, Reihen- und Einzelfertigung zur Schaffung einwandfreier Unterlagen und Anhaltspunkte für die Maßnahmen der Leitung des Unternehmens. Besonders hervorgehoben ist dabei die Notwendigkeit einer zweckentsprechenden Zusammenarbeit der verschiedenen Teilgebiete, um damit Einheitlichkeit des gesamten Rechnungswesens zu gewährleisten, das auf völliger Klarheit und Zuverlässigkeit der Ergebnisse aufgebaut sein soll. — Um jede unfruchtbare Nebeneinanderarbeit der verschiedenen, in Deutschland auf dem Gebiete des Kostenwesens tätigen Stellen zu vermeiden, ist eine engere Fühlungnahme zwischen den in Betracht kommenden Körperschaften eingeleitet.

Im Anschluß an diesen Bericht ist noch wiedergegeben der Bericht des

Reichskuratorium für Wirtschaftlichkeit in Industrie und Handwerk.

Als Hauptzweck des Reichskuratoriums für Wirtschaftlichkeit in Industrie und Handwerk wurde bei seiner Gründung im Juni 1921 in erster Linie die Hebung der Wirtschaftlichkeit industrieller und gewerblicher Produktion auf allen Fachgebieten durch höchste Ausnutzung des Materials, wirtschaftlichste Bearbeitungsmethoden und weitgehendste Organisation bezeichnet. Dieses Ziel soll erreicht werden durch Unterstützung und Zusammenarbeit mit allen Körperschaften, die sich in gemeinnütziger Tätigkeit um Beschleunigung, Verbesserung und Verbilligung der Gütererzeugung in der deutschen Industrie bemühen. Alle mit uns im Wettbewerb stehenden Länder, vor allen Dingen England und Amerika, machen in sachlicher und finanzieller Beziehung die größten Anstrengungen zur wissenschaftlichen Unterstützung ihrer Industrien. Sowohl der National Research Council in Washington, als auch das Department of Scientific and Industrial Research in London, ähnliche Einrichtungen wie das Reichskuratorium für Wirtschaftlichkeit in Industrie und Handwerk, beide auch erst gegen Ende des Krieges gegründet, arbeiten in umfassendster und großzügigster Weise, vom Staate weitgehend unterstützt, an der Förderung industrieller Forschung und ihrer Nutzbarmachung für die einheimische Industrie. Die in diesen Ländern so herbeigeführte enge Verbindung zwischen Industrie und Wissenschaft hat bereits in den Ausfuhrziffern aller Länder eine erhebliche Verschiebung zu unsern Ungunsten bewirkt.

In der Erkenntnis, daß auch bei uns weit mehr getan werden muß, damit die Wettbewerbsfähigkeit mit den Konkurrenzländern erhalten bleibt, war das Reichskuratorium im letzten Jahre bestrebt, engere Fühlung mit den einschlägigen Körperschaften zu nehmen, um eine intensivere Bearbeitung zu ermöglichen. Durch einen Antrag auf staatliche Unterstützung wird erwartet, daß die hierzu benötigten Mittel von der Regierung zur Verfügung gestellt werden.

Jährlich durchschnittlich zweimal findet eine Hauptsitzung des Reichskuratoriums unter Anwesenheit einer Reihe von führenden Männern aus Industrie und Handwerk statt, auf der jeweils ein im Interessengebiet des Reichskuratoriums liegendes zeitgemäßes Thema behandelt wird.

Auf der im Juni 1924 abgehaltenen Sitzung stand als Thema „Die Ausbildung des Arbeiternachwuchses in Industrie und Handwerk" auf der Tagesordnung. Es wurden hier die einschlägigen Verhältnisse in den verschiedenen Industriezweigen geschildert, die erzielten Ergebnisse gezeigt, Fehler und Mißstände aufgedeckt und Verbesserungsvorschläge gemacht. Zusammenfassend wurde dann auf Fordsche Arbeitsmethoden hingewiesen und vor einer kritiklosen Übernahme solcher Methoden dringend gewarnt. Wenn sich auch bei uns die Entwicklung der wirtschaftlichen Fertigung zweifellos in der Fordschen Richtung vollziehen wird, so kann doch nur immer ein Teil dessen, was die Menschheit benötigt, auf diese Weise hergestellt werden.

Für eine wirtschaftlichere Produktion ist deshalb nach wie vor der gut durchgebildete Facharbeiter unerläßlich.

Gedenktage.

Am 2. März feierte unser Fachmitglied Herr Hugo Hammar in Gothenburg seinen 60. Geburtstag, aus welchem Anlasse ihm der Verband das nachstehende Schreiben sandte:

Herrn Generaldirektor Hugo Hammar, Göteborgs Nya Verkstad, Gothenburg.

Sehr geehrter Herr Generaldirektor!

In treuem Gedenken an Ihren hervorragenden Vortrag auf unserer Sommerversammlung am 16. Mai 1907 in Mannheim beehren wir uns, Ihnen im Namen der Schiffbautechnischen Gesellschaft zu Ihrem 60. Geburtstag unsere herzlichsten und aufrichtigsten Glückwünsche auszusprechen.

Mit vorzüglicher Hochachtung
ganz ergebenst
Der Vorstand der Schiffbautechnischen Gesellschaft.
Busley.

Berlin, 2. März 1924.

Herr Hammar dankte hierauf mit folgendem Schreiben:

Herrn Geheimrat Busley, Berlin NW 6.

Für die freundliche Erinnerung an meinen 60. Geburtstag sage ich Ihnen und der Schiffbautechnischen Gesellschaft meinen verbindlichsten Dank.

Mit vorzüglicher Hochachtung
H. G. Hammar.

Gothenburg, den 7. März 1924.

Am 14. April beging unser Fachmitglied und einer der Begründer unserer Gesellschaft, Herr Dr.-Ing. Blümcke, seinen 75. Geburtstag. Der Vorstand gedachte seiner durch folgendes Schreiben:

Herrn Direktor Dr.-Ing. Richard Blümcke, Mannheim, Friedrichsring 16.

Sehr geehrter Herr Doktor!

Im Namen der Schiffbautechnischen Gesellschaft gestatten wir uns, Ihnen zu Ihrem 75. Geburtstage unsere aufrichtigsten Glückwünsche auszusprechen.

Durch Ihre vieljährige rastlose Arbeit auf dem Gebiete des deutschen Flußschiffbaues haben Sie sich den Dank aller Ihrer Fachgenossen erworben, wie dies auch durch Ihre Promotion zum „Dr.-Ing. e. h." weitgehende Anerkennung gefunden hat.

Wir hoffen, daß Sie jetzt an Ihrem Lebensabend mit Genugtuung auf Ihre schöpferische Tätigkeit zurückblicken möchten.

Mit vorzüglicher Hochachtung
Der Vorstand der Schiffbautechnischen Gesellschaft.
Busley.

Berlin, den 14. April 1924.

Herr Dr. Blümcke antwortete hierauf mit nachstehenden Zeilen:

Dem verehrlichen Vorstand der Schiffbautechnischen Gesellschaft spreche ich für den freundlichen, mich ehrenden Glückwunsch zu meinem 75. Geburtstag, den ich trotz aller äußeren widrigen Umstände in voller Rüstigkeit begehen konnte, meinen aufrichtigen Dank aus.

Von allen den Wünschen, die mir zu diesem Tage gewidmet wurden, war mir der Ihre der liebste. Habe ich mich doch nirgends im Leben wohler gefühlt als im Kreise der trotz mancher gegenteiligen Ansichten im gemeinsamen Streben einigen Fachgenossen. — Ich bitte den verehrlichen Vorstand, die freundliche Gesinnung auch weiterhin mir bewahren zu wollen und bin stets in ausgezeichneter Hochachtung

Mannheim, den 18. April 1924.

Ihr dankbar ergebener

Dr.-Ing. Richard Blümcke.

25 jähriges Bestehen der Gesellschaft.

Zum 25 jährigen Bestehen der Gesellschaft liefen folgende Glückwünsche ein:

Telegramme:

Schiffbautechnische Gesellschaft, Schumannstr. 2.

Am heutigen Tage gedenken wir voller Bewunderung der mannigfachen Anregungen und Förderungen, die in den vergangenen zweieinhalb Jahrzehnte seitens der Schiffbautechnischen Gesellschaft befruchtend auf den deutschen Schiffbau einwirkten. Der Schiffbautechnischen Gesellschaft senden wir zu diesem Tage ihres 25 jährigen Bestehens zugleich im Namen unseres Vorsitzenden Herrn Krupp von Bohlen beste Glückwünsche.

Direktorium Krupp.

Schiffbautechnische Gesellschaft, Schumannstr. 2.

Zum 25 jährigen Bestehen Ihrer Gesellschaft bitten wir unsere herzlichen Glückwünsche entgegenzunehmen. Möge ihre Tätigkeit wie bisher, so auch in Zukunft, reiche Früchte tragen zum Wohle der gesamten deutschen Schiffbauindustrie und aller verwandten Industrien.

Direktion Germaniawerft.

Schreiben:

An die Schiffbautechnische Gesellschaft.

An dem Tage, an dem Ihre Gesellschaft vor 25 Jahren gegründet worden ist, möchte auch unser Verein nicht vorübergehen.

Die Geschichte der Schiffbautechnischen Gesellschaft ist gleichzeitig die Geschichte des deutschen Schiffbaues. Wenn es diesem vergönnt war, sich im Laufe des vergangenen Vierteljahrhunderts die hohe Stellung zu erringen, die er vor dem Kriege innegehabt hat, so ist dies mit in erster Linie das Verdienst Ihrer Gesellschaft, die durch die Arbeiten ihrer Mitglieder und ihre anregenden Jahresversammlungen die wertvollsten Beiträge für die Ausbildung des deutschen Schiffbaues geleistet hat. Mit der größten Befriedigung kann daher ihre Gesellschaft an ihrem Erinnerungstage auf ihre Tätigkeit während der vergangenen 25 Jahre zurückblicken.

Daß die Wiedererstarkung des deutschen Schiffbaues unter Mitwirkung Ihrer Gesellschaft sich einmal in gleicher erfolgreicher Weise vollziehen möchte, wie die der ersten Entwicklung, ist der Wunsch, den wir der Schiffbautechnischen Gesellschaft zur stillen Feier ihres Gründungstages aussprechen möchten.

Verein deutscher Eisenhüttenleute.

I. A.: Petersen.

Sehr sympathische Artikel brachten die Fachzeitschriften „Werft, Reederei, Hafen" und „Schiffbau" sowie die „Schiffahrtszeitung" in Hamburg und die „Weserzeitung" in Bremen.

III. Unsere Toten.

Über unsere im laufenden Jahre verstorbenen Mitglieder konnten wir nur die Angaben für die Nachrufe erhalten von:

Alt, Otto, Dr.-Ing., Oberingenieur der Germaniawerft, Kiel.

Boveri, Walter, Dr.-Ing., Vorsitzender der Kommandit-Gesellschaft Brown, Boveri & Cie, Baden (Schweiz).

Brüll, Max, Oberingenieur der Woermann- u. d. Deutschen Ostafrika-Linie, Hamburg.

Carlson, Carl Fridolf, Dr.-Ing., Inhaber der Schichau-Werke in Elbing, Danzig, Pillau u. Riga.

Eckardt, Max, Ingenieur, Vorstandsmitglied der A.-G. Kell & Löser, Hamburg.

Heynen, Eugen, Hütteningenieur, Direktor der Abtlg. Esch der Vereinigten Hüttenwerke Burbach, Eich, Düdelingen, Esch a. d. Alzette.

Höltzcke, Paul, Chemiker, Direktor der Farbenfabrik Hansa, Kiel.

Klose, Adolf, Ingenieur, Mitglied der Kgl. Württembergischen Eisenbahn-direktion a. D., München.

Kramer, Fritz, Ingenieur, Maschinenbaudirektor der Vulkan-Werke, Hamburg.

Lender, Rudolf, Kapitän a. D., Inhaber der chemischen Fabrik Dr. Graf & Co., Berlin-Neubabelsberg.

Lindemann, Paul, Oberbürgermeister a. D., Verwaltungsdirektor der See-berufsgenossenschaft, Hamburg.

Maaß, Carl, Reeder, Inhaber der Reederei Carl E. Maaß, Stettin.

Mentz, Walter, ord. Professor an der Technischen Hochschule, Danzig.

Meyer, Bernhard, Ingenieur, Teilhaber der Werft Jos. L. Meyer in Papenburg a. d. Ems.

Praetorius, Paul, Dr.-Ing., Marinebaurat a. D., Erlangen.

Protz, Adolf, Ingenieur, Konstrukteur bei F. Schichau, Elbing.

Rickmers, Andreas, Reeder, Seniorchef der Firma Rickmers-Reismühlen, Reederei und Schiffbau A.-G., Bremen.

Ruperti, Oskar, Assekuradeur, Teilhaber der Firma H. J. Merck & Co., Hamburg.

Schmelzer, Hermann, Ingenieur, Vorstand d. Patentbureaus der Schmidtschen Heißdampf-Ges., Kassel-Wilhelmshöhe.

Schmidt, Wilhelm, Dr.-Ing., Vorsitzender der Schmidtschen-Heißdampf-Ges., Kassel-Wilhelmshöhe.

Welzel, Alfred, Ingenieur, Direktor der Stahlwerke Ed. Dörrenberg Söhne, Ründeroth i. Rhld.

Willemsen, Friedrich, Ingenieur, Besichtiger des Germanischen Lloyd, Düsseldorf.

OTTO ALT.

Von der Schwelle des Mannesalters, mitten heraus aus rastlosem, erfolgreichem Schaffen, hat der Tod einen hervorragend begabten Förderer deutscher Technik hinweggerissen.

Am 24. März 1924 ist nach schwerem, mit seltener Tapferkeit ertragenem Leiden Dr.-Ing. Otto Alt, Vorstand der Abteilung „Dieselmotorenbau" und Handlungsbevollmächtigter der Friedr. Krupp Germaniawerft A.-G. in Kiel im 41. Lebensjahre verschieden.

Nachdem Dr. Alt im Herbst 1907 an der Technischen Hochschule Charlottenburg sein Diplom-Examen abgelegt hatte, war er nacheinander bei verschiedenen Firmen und Behörden, hauptsächlich im Ölmaschinenbau, beschäftigt. Zwischendurch hatte er seiner Militärpflicht beim Infanterie-Regiment v. Gersdorff (Kurhessischen Nr. 80) in Wiesbaden, dessen Offizierkorps er angehörte, genügt und in den Jahren 1914—1915 Kriegsdienste geleistet. Im November 1917 trat er als Oberingenieur und Leiter des Konstruktionsbureaus der Abteilung „Dieselmotorenbau" in den Dienst der Germaniawerft.

Er hat es, mit der ihm eigenen unermüdlichen Tatkraft sein Ziel verfolgend, in hervorragender Weise verstanden, die im Laufe des Krieges hauptsächlich an den schnellaufenden U-Bootsmaschinen gesammelten Erfahrungen in hochwertigen Konstruktionen für ortsfeste und Schiffs-Dieselmotoren zu verwerten.

Bestrebt, bis ins kleinste in die von ihm geschaffenen Anlagen auch während des Betriebes einzudringen, machte er mit dem neuen Motor-Tankschiff „Prometheus" dessen Erstreise nach Amerika. Er erkrankte auf der Heimreise, blieb aber bis zur letzten Stunde bemüht, die Ergebnisse seiner Beobachtungen zu verarbeiten.

Die Gründlichkeit, mit der der Verstorbene jede Aufgabe anfaßte und erledigte, wies ihn bald auf die Notwendigkeit hin, die noch wenig bekannten physikalischen und chemischen Vorgänge im Dieselmotor während der Verbrennung und die Zusammensetzung der Brennstoffe zu erforschen. Auf Grund dieser Arbeiten promovierte er im Sommer vergangenen Jahres zum Dr.-Ing.

In wissenschaftlichen Vorträgen und Ausarbeitungen ist der Verstorbene außer in der Schiffbautechnischen Gesellschaft auch sonst noch vielfach an die Öffentlichkeit getreten, so daß sein Name im In- und Auslande bekanntgeworden ist.

Als Mensch kennzeichnete ihn neben seiner schon erwähnten, nie erlahmenden Arbeitskraft vorbildliche Pflichttreue, die Vornehmheit seines Wesens und die Gerechtigkeit seines Charakters, Eigenschaften, wegen derer er von seinen Vorgesetzten wie von seinen Untergebenen geschätzt und geehrt wurde.

Erholung von der Arbeit fand er vor allem in der Pflege guter Musik, die er zusammen mit seiner Frau vollendet ausübte. Neben der treuen Sorge für die Seinen blieb er auch stets bemüht um das Wohl seiner Geschwister.

Der frühe Heimgang Otto Alts hat große Hoffnungen vernichtet, die auf sein weiteres berufliches Wirken gesetzt waren, und die Germaniawerft erleidet dadurch einen schweren Verlust. Vorgesetzte, Mitarbeiter und Untergebene betrauern tief den Tod dieses ausgezeichneten Mannes.

WALTER BOVERI.

Aus Baden in der Schweiz erhielten wir die Mitteilung, daß Dr.-Ing. Walter Boveri im Alter von $59^{1}/_{2}$ Jahren einem Herzleiden erlegen ist. Dr. Walter Boveri ist der Gründer der Brown, Boveri u. Cie. A.-G., Mannheim, und zugleich der Vorsitzende deren Aufsichtsrats.

Ein an Arbeit und Erfolgen reiches Leben fand mit dem Tode dieses Mannes einen vorzeitigen Abschluß. Sein Hinscheiden bedeutet nicht allein für Technik und Wissenschaft einen großen Verlust, sondern auch vor allem für den großen sich über die ganze Welt erstreckenden Brown-Boveri-Konzern.

Walter Boveri war in deutschen und schweizerischen Industrie- und Handelskreisen eine bekannte und hochgeachtete Persönlichkeit. Schon von früh an waren seine hervorragenden Eigenschaften Vornehmheit der Gesinnung, Arbeitswille und Ausdauer. So stieg Walter Boveri von Stufe zu Stufe der kaufmännischen und technischen Erfolge.

Geboren 1865 zu Bamberg bildete er sich in Nürnberg zum Maschinentechniker aus und gründete dann mit dem Schweizer Elektrotechniker E. L. Brown die Kommanditgesellschaft Brown, Boveri u. Cie. in Baden in der Schweiz. Aus dieser Gesellschaftsgründung ging später das Mannheimer Werk hervor, das im Jahre 1910 als Aktiengesellschaft ins Leben gerufen wurde. Walter Boveri trat sofort an die Spitze dieses jungen Mannheimer Unternehmens als Vorsitzender des Aufsichtsrats, welches Amt er in rastlosem Fleiß und mit seltener Hingabe bis zu seinem jetzt erfolgten Tode versah.

Der Konzern erlangte Weltruf durch den Bau der bekanntesten Schweizer Bergbahnen, von denen wir nur die Jungfrau- und die Simplonbahn erwähnen. Die eidgenössische technische Hochschule in Zürich verlieh Walter Boveri die Würde eines Ehrendoktors.

Der Schwerpunkt und die Haupterfolge von Dr. Walter Boveri lagen weniger auf technischem Gebiet als vielmehr auf dem Gebiete der Finanzierung und der Verwaltung, für die er hervorragende Talente aufwies. Von Gesellschaften, die ihm nahestanden, seien erwähnt: die Howalds-Werke in Kiel, von denen sich der Boveri-Konzern allerdings in den letzten Jahren trennte. Dann die Turbinia-A.-G., Berlin, und die Isaria-Zählerwerke, München, die A.-G. Brown, Boveri, Baden (Schweiz), die Motoren-A.-G. für angew. Elektrizität, Baden (Schweiz), die Columbus A.-G. für elektrische Unternehmungen, Baden (Schweiz), das Elektrizitätswerk Olten-Harburg in Olten und die A.-G. vorm Baumann u. Co., Zürich. Zu diesen Firmen kommen noch ungefähr 5—6 ausländische Geschäftsgründungen.

Der Aufschwung und der Weltruf der Brown, Boveri u. Cie. A.-G., Mannheim-Käferthal, ist zu einem großen Teil auf die Tatkraft und Entschlossenheit von Dr. Walter Boveri, einem der angesehensten Industriekapitäne, zurückzuführen. Der Tod dieses tapferen Mannes ruft daher auch allgemeine Teilnahme hervor.

MAX BRÜLL

ist am 22. Oktober 1878 zu Posen geboren und besuchte die Gymnasien zu
Küstrin und Kiel. Er verließ letztere Anstalt mit der Reife für Unterprima, um
sich der Laufbahn eines Maschineningenieurs zu widmen.

Nach einer praktischen Tätigkeit von $1\frac{1}{2}$ Jahren auf der Kaiserlichen Werft
zu Kiel und $\frac{1}{2}$ Jahr bei der Stettiner Maschinenfabrik Aktien-Gesellschaft „Vulkan" bezog er das Staatliche Technikum für Schiffsmaschinenbau zu Hamburg
bis zur Abschlußprüfung im Jahre 1900. Seine erste Stellung erhielt er im Bureau
für Maschinenbau der Kriegsmarine auf der Werft von Blohm & Voß in Hamburg,
die er aber nach einem Jahre wieder aufgeben mußte, um seiner Militärdienst-
pflicht als Einjährig-Freiwilliger beim Infanterie-Regiment Hamburg Nr. 76
zu genügen. Nach Entlassung aus dem Militärdienst fand er am 15. August 1902
als Ingenieur eine Anstellung bei der technischen Abteilung der Woermann-Linie
A.-G. und der Deutschen Ost-Afrika-Linie. In der langen Zeit seiner erfolgreichen
Tätigkeit bei den genannten Firmen oblag ihm die Erledigung aller bureautech-
nischen Angelegenheiten, die mit den maschinellen Einrichtungen der Schiffe
beider Reedereien und der Ausarbeitung von Neubauprojekten usw. verbunden
waren. In seiner Freizeit hat er nicht verfehlt, seine technischen Kenntnisse
durch Selbststudium zu erweitern und sein technisches Wissen auf der Höhe
der Entwicklung des Maschinenbaues zu halten. Daß er dieses Studium nicht
vergebens gemacht hatte, fand durch Übertragung einer Lehrerstelle an der
Gewerbeschule in Hamburg Anerkennung.

Im Herbst 1923 mußte sich Brüll einer Nierenoperation unterziehen. Ob-
gleich er diese gut überstand, erlag er an den Folgen der Operation fast 10 Wochen
später, am 6. Nobember 1923, unerwartet, kurz vor beabsichtigter Wiederauf-
nahme seiner Tätigkeit, einem Gehirnschlage.

Brüll hat während seiner langjährigen Tätigkeit bei obengenannten Reedereien,
die nur durch seine Teilnahme am Weltkriege 1914 für etwa 3 Jahre unterbrochen
wurde, seine Kraft voll und ganz den ihn übertragenen Aufgaben gewidmet, er
ist bei Vorgesetzten und Kollegen wegen seines bescheidenen Wesens und seiner
überaus zuverlässigen Arbeitsweise gleich beliebt gewesen, durch seine ruhige,
von tiefem Gerechtigkeitsgefühl durchdrungene Art hat er sich stets die Achtung
seiner Untergebenen zu erringen gewußt.

CARL FRIDOLF CARLSON.

Am 23. Oktober d. J. verschied infolge einer schweren Blinddarmerkrankung
der Inhaber der Schichauwerke in Elbing, Danzig, Pillau und Riga, Dr.-Ing.
Carl Fridolf Carlson. In voller Manneskraft raffte der unerbittliche Tod den
rastlos Tätigen hinweg. Wer ihm näher stand und sein sonniges Wesen, seine
unbeugsame Energie, sein zielbewußtes Handeln kannte, wird den Heimgang
dieses Mannes aufrichtig betrauern. Er war eine richtige Führernatur, ein Mann
von echtem Schrot und Korn. Mit ihm verliert die deutsche Industrie einen
ihrer berufensten Vertreter. Sein Tod kam allen überraschend, da sein körper-
liches Befinden, die Frische und Schärfe seines Geistes ihm noch eine längere

Lebensdauer verhießen; niemand konnte ahnen, daß diesem arbeitsreichen Leben, diesem schaffensfreudigem Manne schon ein so baldiges Ziel gesetzt war.

Bedeutende Männer sind es gewesen, die bisher die Schichauwerke leiteten. Ferdinand Schichau schuf die feste Grundlage für eine Elbinger Industrie und wurde der erfolgreiche industrielle Pionier in unserer ostdeutschen Heimat. Sein Schwiegersohn Carl H. Ziese verschaffte durch den Bau von Torpedobooten den Schichauwerken Ruhm und dem Namen der Stadt Elbing Weltgeltung. Als dann Carl H. Ziese am 15. Dezember 1917 das Zeitliche segnete, ging die Verantwortung der großen Werksleitung auf Carl Fridolf Carlson über. Noch dauerte der Krieg mit seinen Lieferungen für Heer und Marine an. Das Ende des Völkerringens konnte jedoch nur noch eine Frage der Zeit sein. Und es kam damit die Zeit, in der sich Carlson als allverantwortlich bewähren sollte.

Die durch die Revolution geschaffene neue Lage machte die völlige Umstellung der Schichaubetriebe notwendig. Die vergrößerten Werkstätten, die auf den Kriegsschiffbau zugeschnitten waren, mußten auf Friedensarbeit eingerichtet werden.

Die Umstellung der Schichauwerke war schwieriger, als viele zu ahnen vermögen. Carlson schaffte es: er führte die Schichauwerke in dieser gefahrvollen Zeit über alle Klippen hinweg; und wenn auch noch nicht die Bahn für den neuen industriellen Aufschwung frei ist, wenn die Industrie und ihre Angehörigen vorerst noch den bitteren Ernst des Lebens verspüren, so blickten doch alle voll Vertrauen auf ihren Führer und bewahrten ihm in dieser Überzeugung die Treue.

Carl Fridolf Carlson wurde am 22. Januar 1870 in Hassle in Schweden geboren, besuchte das Gymnasium in Skara in Schweden, arbeitete dann auf den Werften in Göteborg, Stockholm, Malmö und Helsingör und studierte bis zum Jahre 1894 Schiffbau an der Schiffbauabteilung des Technologischen Institutes in Göteborg. Ende 1894 kam er nach Deutschland. Nach kurzer Tätigkeit bei der Danziger Schiffswerft Johannsen & Co. war er in den Jahren 1895 bis 1898 im Konstruktionsbureau der Germania-Werft in Kiel tätig. Am 1. Oktober 1898 wurde er von der Firma F. Schichau in Elbing als Schiffbauingenieur angestellt.

Im Jahre 1902 Prokurist geworden siedelte er im Jahre 1903 nach Danzig über und übernahm nach dem Abgang des Schiffbaudirektors Topp die Direktion der Danziger Schichauwerft.

Von Anbeginn an war es seine stete Sorge und sein wichstigstes Ziel, den vorhandenen Stamm gut eingearbeiteter Arbeitskräfte zu erhalten und an erstklassigen Bauten zu höchsten Leistungen weiter zu entwickeln. Er hat dadurch mitgeholfen, der Stadt Danzig nicht nur ein wertvolles Handwerk zu erhalten und eine große Zahl durchgebildeter Qualitätsarbeiter zu schaffen, sondern er hat sie seßhaft gemacht und selbst in den schwierigen Zeiten der letzten Jahre zu halten gesucht, auch wenn es unter großen Opfern des Werkes geschehen mußte. Es gibt wohl keine Werft in Deutschland, die so viele Schiffe auf eigene Rechnung in Bau genommen hat, um auch in flauen Zeiten die eingelernten wertvollen Arbeitskräfte nicht zu verlieren. Der Erfolg dieses zähen Festhaltens an dem gesteckten Ziele zeigte sich stets darin, daß auch die auf eigene Rechnung auf Stapel gelegten Schiffe bald ihre Abnehmer fanden und auch heute noch der Danziger Schiffbau als hochwertig in der Welt anerkannt ist.

Neben der Ausbildung und Erhaltung des Arbeiterstammes widmete Carlson seine ganze Aufmerksamkeit dem großzügigen Ausbau der Werkstätten und Hellinge, die bei den zunehmenden Schiffsgrößen eine stete Erweiterung erheischten und für den Bau größter Dreadnoughts hergerichtet wurden. Die neue Schiffbauhalle mit den davorliegenden letzten großen Hellinganlagen, die Panzerwerkstatt und viele andere Werkstätten legen beredtes Zeugnis für diese Tätigkeit ab.

Am deutlichsten sprechen jedoch die Schiffsbauten selbst für die großartige Entwicklung, die die Danziger Schichauwerft unter Carlsons Leitung genommen hat.

Unter seiner Leitung entstanden 4 Linienschiffe, 3 Kleine und 2 Große Kreuzer, sowie eine große Anzahl von transatlantischen Fracht- und Passagierdampfern, darunter „Columbus", der später in „Homeric" umgetauft wurde.

Nach dem am 15. Dezember 1917 erfolgten Tode seines Schwiegervaters, des Geheimrates Ziese, übernahm Carlson die gesamte Leitung der Schichauwerke und siedelte im Jahre 1918 nach Elbing über. Die durch die Revolution geschaffenen schwierigen Verhältnisse erforderten, wie bereits geschildert, eine vollständige Umstellung des Betriebes. Als neue Fabrikationszweige wurden aufgenommen der Bau von Wasserturbinen und der erweiterte Ausbau von großen Dieselmotoren. Es gelang Carlson, diese Spezialitäten zu hoher Vollkommenheit zu bringen, so daß eine große Anzahl Turbinen in der Zwischenzeit von der Firma F. Schichau hergestellt werden konnten, darunter die Turbinen des Innwerkes mit 15 Turbinen von je 10 600 PS Leistung.

Eine besondere Leistung der Schichauwerke bildet der Bau des neuen transatlantischen Dampfers „Columbus" von 42 000 t Deplacement für den Norddeutschen Lloyd in Bremen, der ein beredtes Zeugnis ablegt von Carlsons Verdiensten, womit er dieses große Schiff unter den schwierigen Verhältnissen seiner Vollendung entgegenführte.

MAX ECKARDT

wurde zu Dresden am 25. Juli 1878 geboren, besuchte die Staatsbauschule zu Dresden, später als Hospitant die Technische Hochschule daselbst. Seine dreijährige praktische Tätigkeit übte er im Maurerhandwerk aus. Nach Vollendung seines Studienganges war er bei großen Privatunternehmungen tätig, und zwar bei der Firma Boswau & Knauer in Berlin, Allgemeine Hochbau-Gesellschaft in Düsseldorf, dann als Leiter der Hamburger Niederlassung der Firma Kell & Löser. Im Jahre 1912 wurde er dritter Teilhaber der offenen Handelsgesellschaft Kell & Löser und nach Umwandlung derselben in die Aktiengesellschaft Vorstandsmitglied.

In dieser Firma leitete er eine Reihe bekannter Hamburger Bauten. 1918 wurde unter seiner Leitung zu Studienzwecken das Eisenbeton-Motorschiff „Novum" gebaut.

Der Verstorbene war seit Gründung des Beton-Wirtschafts-Verbandes 1. Vorsitzender der Gruppe Norden. Er starb nach kurzer Krankheit an einem plötzlich eingetretenen schweren Leiden.

EUGEN HEYNEN.

Am 30. Oktober 1923 verschied in Esch a. d. Alzette (Großh. Luxemburg) unser langjähriges Mitglied Herr Eugen Heynen, Direktor der dortigen Hüttenabteilung der Vereinigten Hüttenwerke Burbach-Eich-Düdelingen (Arbed) in Luxemburg.

Eugen Heynen war geboren am 11. Mai 1870 in Wiltz (Luxemburg), absolvierte seine Gymnasialstudien in Luxemburg und erlangte 1896 an der technischen Hochschule Charlottenburg das Diplom als Hütteningenieur. Im selben Jahre trat er als Volontär bei der Kommandit-Gesellschaft Le Gallais-Metz & Cie. Dommeldingen ein. Im März 1897 nahm er bei der Kneuttinger Hütte Dienst, um an dem Bau des neuen Werkes mitzuarbeiten, und bekleidete dort den Posten eines Hochofenassistenten bis Ende 1899.

Anfang 1900 finden wir ihn in derselben Eigenschaft bei den Hochöfen zu Differdingen, wo er bis August 1903 verblieb. Am 1. September 1903 wurde er von der Luxemburger Bergwerks- und Saarbrücker Eisenhütten-Aktien-Gesellschaft als Hochofendirektor nach Burbach berufen.

Nachdem sich im Jahre 1911 die Eisenhütten-Aktien-Gesellschaft Düdelingen, die Kommanditgesellschaft Le Gallais-Metz & Cie., Eich, und die Luxemburger Bergwerks- & Saarbrücker Eisenhütten-A.-G. fusioniert hatten, wurde Eugen Heynen zum Abteilungsdirektor in Burbach ernannt. Am 1. September 1919 wurde er mit der Direktion der Abteilung Esch betraut, welchen Posten er bis zu seinem Tode inne hatte.

Am 1. September 1923 wurde das zwanzigjährige Dienstjubiläum Heynens bei der Arbed in feierlicher Weise begangen.

Es sollte ihm nicht gegönnt sein, seine Tätigkeit noch lange auszuüben, da er gerade zwei Monate nachher einem Schlaganfall erlag.

Dieser kurze Lebensabriß zeigt, wie seine außergewöhnliche Begabung Eugen Heynen in schneller Reihenfolge an den ihm unter den Eisenhüttenleuten zukommenden Platz gebracht hat. Heynen war einer jener fähigen Köpfe, die in technischer Hinsicht von überragendem Ausmaß sind, und die Leiter des Arbed-Konzerns hatten in ihm die zuverlässige Hand, deren zielklare Selbständigkeit stets eine feste Stütze bot.

Obschon persönliches Hervortreten ihm zuwider war, besaß er doch in ausgeprägtem Grade die Führereigenschaften — soziales Empfinden, feinfühliges Wohlwollen, gerechte Strenge — die seine Untergebenen zu immer bereitwilligen Mitarbeitern machten. Im Privat- wie im Geschäftsverkehr kam sein grader Charakter, sein bewegliches Temperament und seine goldige Natur zur vollen Wirkung. Seine Persönlichkeit übte einen bestrickenden Reiz aus und man fühlte, daß jedermann diesen prächtigen Menschen zu Recht liebgewonnen hatte. Dem Verblichenen werden seine Mitarbeiter und Geschäftsfreunde ein ehrendes Andenken bewahren.

PAUL HÖLTZCKE

wurde als Sohn des Universitätstanzlehrers in Göttingen am 5. Oktober 1866 geboren, absolvierte die höheren Schulen in Göttingen, Hildesheim, Blankenburg und Hannover, studierte an den Universitäten Göttingen und Rostock Chemie, Physik und Botanik und gründete dann, nachdem er längere Zeit als Assistent des Chemischen Laboratoriums der Universität Göttingen sowie als Assistent an der Agrikultur-Chemischen Versuchsstation in Kiel tätig gewesen war, im Jahre 1896 die Farbenfabrik Hansa G. m. b. H. zu Kiel, der er als verantwortlicher Leiter 27 Jahre seines Lebens ununterbrochen vorgestanden hat. Seiner Fachkenntnis, seinem unermüdlichen Fleiße und seiner außerordentlichen Gewissenhaftigkeit ist es zu danken, daß sich die Farbenfabrik Hansa aus kleinen Anfängen zu ihrer heutigen Höhe entwickeln konnte. Seinem arbeitsreichen und beruflich erfolgreichen Leben setzte die Auswirkung eines Herzleidens am 4. August 1924 viel zu früh ein Ende.

ADOLPH KLOSE

ist am 21. Mai 1844 zu Bernstadt in Sachsen, einem kleinen, nahe Zittau gelegenen Städtchen geboren. Seine Eltern lebten dort als angesehene Bürgersleute. Der Vater war Wagenbauer, in dessen Werkstätte der einzige Sohn und gewünschte Geschäftsnachfolger nach Beendigung der Schuljahre in dem Heimatorte seine erste praktische Ausbildung erhielt. Dem reichbegabten Jüngling genügte das erworbene Wissen nicht und seinem Drängen nachgebend wurde ihm Gelegenheit geboten, die Technische Schule in Chemnitz und daran anschließend das Polytechnikum in Dresden zu besuchen. Seine dortigen Studien fanden ihren Abschluß mit Beginn des Krieges 1866, den Klose als Leutnant mitmachte und noch ein Jahr nach dessen Beendigung Offizier blieb.

Er trat dann in den sächsischen Staatsdienst als Maschinentechniker bei der Eisenbahn und war erst in Dresden, später in Leipzig bis zum Frühling 1870 tätig. Zu dieser Zeit folgte er einem Rufe als Maschineninspektor der Vereinigten Schweizer Bahnen, an denen er bis 1887 wirkte, um darauf einer Berufung in die Königlich Württembergische Eisenbahndirektion nachzukommen. In Stuttgart verblieb er 10 Jahre, legte Ende 1897 sein Amt nieder und wählte Berlin als Wohnort. Seine Haupttätigkeit widmete er der Einführung und Entwicklung des Automobiles und wurde mit Emil Rathenau der Gründer des Mitteleuropäischen Motorwagen-Vereins, dessen Präsident er viele Jahre gewesen ist. Sein eigentliches Arbeitsgebiet, den Lokomotivbau, hat er aber nicht vernachlässigt. In den letzten 18 Jahren beschäftigte er sich mit der Konstruktion der Diesellokomotive. Zusammen mit Diesel und der Firma Sulzer in Winterthur schuf er eine Diesellokomotive, deren weiteren Ausbau die Kriegsjahre leider verhinderten. Bis in die letzte Zeit seines Lebens arbeitete Klose an der Vervollkommnung dieses Systemes, es war ihm aber nicht mehr vergönnt, seine Geistesarbeit im praktischen Leben verwertet zu sehen.

Kloses eigentliches Arbeitsfeld, das er mit seiner genialen Begabung voll beherrschte, lag im Lokomotivbau, seine zahllosen Erfindungen und Verbesserungen auf diesem Gebiete sind in den diesbezüglichen Kreisen wohlbekannt. Während eines Aufenthaltes in Berlin trat Klose im Jahre 1906 als lebenslängliches Mitglied in unsere Gesellschaft ein, in der er jahrelang ein eifriger Besucher unserer Hauptversammlungen war.

Im Herbst 1919 verlegte er seinen Wohnsitz von Berlin nach München und von dieser Zeit an meldeten sich mehr und mehr die Beschwerden seines hohen Alters. Der Sommer 1923 war aber gesundheitlich aufsteigend eine gute Zeit, so daß der am Morgen des 3. September 1923 im 80. Lebensjahre erfolgte Tod, die Folge eines Herzschlages, vollkommen unerwartet eintrat. Klose war ein genialer Konstrukteur und weit vorausschauender Ingenieur, der in seinem langen Leben auf viele Erfolge zurückblicken konnte.

FRITZ KRAMER.

Am 11. Oktober 1923 ist der Maschinenbaudirektor der Vulcan-Werke A. G., Hamburg und Stettin, Fritz Kramer, infolge eines Herzschlages unerwartet aus einem arbeitsreichen Leben geschieden. Mit ihm ist eine markante Persönlichkeit dahingegangen, welche sich in den Kreisen der Werften und Reedereien allgemeiner Wertschätzung und Beliebtheit erfreut hat.

Seit langen Jahren an einer Stelle stehend, an welcher die umfassendsten Aufgaben der Schiffsmaschinentechnik bearbeitet wurden, fand er reichliche Gelegenheit, seine bedeutenden Gaben, welche hauptsächlich auf konstruktivem Gebiet lagen, zu verwerten.

Kramer wurde am 20. Oktober 1877 als Sohn des Bergwerksingenieurs Wilhelm Kramer in Hemmerich, Kreis Bonn, geboren. Er besuchte die Realschule in Dortmund und trat, nachdem er bereits im Jahre 1898 als Maschinenbauvolontär auf der Vulcan-Werft in Stettin praktisch gearbeitet hatte, nach Erledigung des technischen Studiums an der Hochschule in Charlottenburg im Jahre 1903 als Maschinenbaukonstrukteur bei den Vulcan-Werken in Stettin ein, wo ihn sein eiserner Fleiß und seine besondere Begabung bald zum selbständigen Konstrukteur, Bureauchef, Oberingenieur und dann zum stellvertretenden Maschinenbaudirektor aufrücken ließen.

Er hatte teil an der gewaltigen deutschen Schiffbauepoche, welche auf den Vulcan-Werken die Schnelldampfer „Kaiser Wilhelm der Große“, „Deutschland“, „Kronprinz Friedrich Wilhelm“, „Kronprinzessin Cecilie“ und „Kaiser Wilhelm II.“ und schließlich den „Imperator“, den ersten deutschen mit Turbinen ausgerüsteten Riesenschnelldampfer, entstehen ließ. Gleichzeitig gab ihm die damalige glänzende Entwicklung der deutschen Kriegsmarine Gelegenheit, an den bei den Vulcan-Werken geschaffenen Panzerschiffen, Kreuzern und Torpedobooten mitzuwirken; auch an dem Bau einer Anzahl der bewährtesten Kriegsschiffe für ausländische Marinen hat er erfolgreich mitgearbeitet.

Die mächtigen Aufgaben, welche der Weltkrieg, namentlich was den Bau von Unterseebooten betrifft, an die deutsche Schiffsmaschinentechnik stellte, boten Kramer ein reiches Feld für eine seinen Fähigkeiten besonders angepaßte

Tätigkeit. Es war ihm vergönnt, wesentliche Verbesserungen an dieser für Deutschland so wichtigen Waffe zu ersinnen.

In der Nachkriegszeit schuf ihm die Umstellung des Schiffsantriebes fernerhin Gelegenheit, seine schöpferische Begabung in reichem Maße zu entwickeln. Er hat sich hier auf dem Gebiete der für die moderne Handelsschiffahrt so wichtigen Ölfeuerung der Kessel mit größtem Erfolg betätigt. Ganz besonders aber waren die letzten Jahre seines Schaffens ausgefüllt mit der konstruktiven Gestaltung des Ölmotorantriebes für Schiffe. Bis in die letzten Stunden vor seinem Ableben war er von dieser Aufgabe erfüllt, so daß der Schmerz seiner Angehörigen, Mitarbeiter und Freunde um seinen allzu frühen Tod durch das Bewußtsein gemildert wird, daß ihm die Freude des Schaffens bis zum letzten Augenblick bewahrt geblieben ist.

RUDOLF LENDER

wurde am 8. März 1860 als Sohn des Kreisphysikus und Sanitätsrat Dr. Lender in Soldin geboren. Er besuchte das Wilhelm-Gymnasium in Berlin und trat mit 16 Jahren als Kadett in die Kaiserliche Marine ein. Als Seeoffizier ging er später zur chinesischen Marine und war bis zum Jahre 1887 im Ausland, besonders in China und Japan. Beim Tode seines Vaters übernahm er dessen Laboratorium mit der Fabrikation der Dr. Lenderschen Ozonlösung, des sog. Antibakterikon.

Lender betätigte sich mit großem Eifer an der Ausdehnung der Ozonfabrik und vereinigte sich zu diesem Zweck mit der Chemischen Fabrik Dr. Graf & Comp., welche er nach kurzer Zeit käuflich übernahm. Bis zu seinem Tode ist er der alleinige Inhaber des Werkes geblieben, dem er durch seine hervorragende Intelligenz und seinen rastlosen Fleiß den heutigen Weltruf verschaffte.

Er hat sich vielen wohltätigen Bestrebungen gewidmet und gehörte, solange sein Gesundheitszustand es erlaubte, etwa 30 verschiedenen derartigen Vereinen und gemeinnützigen Gesellschaften an. Am 4. Dezember 1923 ist er einem Nierenleiden erlegen.

PAUL LINDEMANN

wurde am 10. Januar 1871 in Warnemünde als Sohn des Reeders und Kapitäns Lindemann geboren. Seine Schulbildung erhielt er auf dem Gymnasium seiner Heimatstadt Rostock, um sich nach bestandenem Abiturientenexamen an der Rostocker und Leipziger Universität dem Studium der Rechte zu widmen. Nachdem er schon mit 25 Jahren, im Jahre 1896, sein Assessorexamen bestanden hatte, wurde er noch in demselben Jahre zum Bürgermeister von Neukalen in Mecklenburg gewählt, wo er auch gleichzeitig als Rechtsanwalt und Notar tätig war. In dieser Stellung, die er bis zum Jahre 1903 bekleidete, haben sich — das ist in gleicher Weise bezeichnend für ihn wie für die Stadtväter von Neukalen — Bande herzlicher Freundschaft angeknüpft, die auch später nach seinem Scheiden von diesem Posten weitergesponnen wurden und dazu führten, daß er zum Ehrenbürger der Stadt ernannt wurde.

In den Jahren 1903 bis 1906 war er Ratsherr in Stralsund, wo er besonders die Verwaltung der städtischen Klostergüter und die Armenverwaltung zu leiten hatte. Im Jahre 1906 erfolgte seine Wahl zum Stadtrat in Magdeburg. Hier war er speziell auf sozialpolitischem Gebiete tätig. Im Jahre 1908 wurde er zum zweiten Bürgermeister von Kiel gewählt, wo er das Finanzdezernat unter besonders schwierigen Verhältnissen zu übernehmen hatte. Den dort an ihn gestellten Aufgaben zeigte er sich in so hervorragendem Maße gewachsen, daß im Jahre 1912 seine Wahl zum Oberbürgermeister von Kiel fast einstimmig erfolgte. In dieser seiner Eigenschaft war er zugleich Mitglied des Preußischen Herrenhauses. Als am 1. August 1914 der Krieg ausbrach und eine allgemeine Begeisterung die Lande durchbrauste, wurde es ihm unendlich schwer, dem Vaterlande nicht, wie er gewünscht, als Landwehroffizier mit der Waffe dienen zu können. Es harrten seiner aber während der schweren Kriegszeit so hohe andere Aufgaben, daß er seine persönlichen Wünsche dem Wohle der ihm anvertrauten Stadt unterordnen mußte. An äußeren Ehrungen wurden ihm in dieser Zeit das Eiserne Kreuz zweiter Klasse am weiß-schwarzen Bande, der Rote Adlerorden vierter Klasse und der österreichische Franz-Josephs-Orden zweiter Klasse zuteil. Als mit dem Novemberumsturz des Jahres 1918 als revolutionäre Errungenschaft die Ansicht aufkam, daß auch nicht verwaltungstechnisch vorgebildete Kräfte zur Bekleidung der hohen und höchsten Posten geeignet seien, begann auch für ihn eine Zeit schwerer Mißhelligkeiten, die sich im Herbst des Jahres 1919 anläßlich der Wahl eines verwaltungstechnisch nicht vorgebildeten sozialdemokratischen Funktionärs zum besoldeten Stadtrat so sehr verdichteten, daß es zu einem Bruch mit der sozialdemokratischen Mehrheit des Stadtverordnetenkollegiums kam. Dieser führte unmittelbar darauf zu seiner Pensionierung.

Im Jahre 1920 siedelte Lindemann mit seiner Familie nach Hamburg über, um als Teilhaber in die Bankfirma Jordan & Co. einzutreten, mit der er bereits in seiner nach der Pensionierung übernommenen Stellung als Aufsichtsratsmitglied der Giro-Zentrale Schleswig-Holstein in Geschäftsbeziehungen gestanden hatte. In der Zeit vom 1. Mai 1921 bis zum 31. Dezember 1922 war er daneben in der Schiffbau-Treuhandbank als zweiter Vorsitzender des Aufsichtsrats tätig. Seine engeren Beziehungen zu dem Bankhause Jordan & Co. löste Lindemann anläßlich seiner Wahl zum Verwaltungsdirektor der See-Berufsgenossenschaft, hatte aber bis zu seiner schweren Erkrankung noch das Amt eines Vorsitzenden des Aufsichtsrates der Gesellschaft inne. In das ihm am 1. April 1922 übertragene Amt des Verwaltungsdirektors der See-Berufsgenossenschaft hatte Lindemann sich in überraschend kurzer Zeit so vollständig eingearbeitet, daß sein Tod von der gesamten deutschen Reederei als ein schwerer Verlust empfunden wird.

CARL MAASS

wurde geboren am 26. Mai 1880 in Stettin. Nach gut beendigter kaufmännischer Lehrzeit trat er in das Reedereigeschäft E. R. Retzlaff in Stettin ein. Lust und Liebe zur Schiffahrt und eiserner Fleiß brachten ihn rasch vorwärts. In seinen Mußestunden lernte er die englische, schwedische, dänische und spanische Sprache und fand auch noch Zeit, die technischen Fragen des Schiff- und Maschinenbaues zu studieren, so daß er später besonders im Reparaturwesen als

Autorität galt. Schon als 18jähriger fuhr er im Auftrage seiner Reederei nach Skandivanien, um die Reparaturen eines dort havarierten Schiffes zu leiten. Da er diese Aufgabe gut und geschickt erledigte, sandte ihn die Reederei überall hin, wo neue Schiffe zu kaufen oder alte zu reparieren waren. Hierbei erwarb er sich das Vertrauen seiner Firma in so hohem Maße, daß er schon in jungen Jahren Prokurist und Inspektor der Reederei wurde. In dieser Stellung war er fast ausschließlich nur im Auslande tätig und hatte so Gelegenheit, sich in aller Herren Ländern umzusehen und sein Wissen zu bereichern.

Als dann im Jahre 1917 die „Ostsee-Werft" Schiffbau- und Maschinenfabrik in Stettin gegründet wurde, berief man ihn als Direktor zur Leitung derselben. Sein rastloser Eifer aber trieb ihn dazu, sich auf eigene Füße zu stellen und so gründete er im Jahre 1920 die Reederei Carl E. Maass, deren alleiniger Inhaber er war. Auch dieses Unternehmen machte infolge seiner unermüdlichen Arbeitskraft rasche Fortschritte. Leider gebot eine schwere Erkrankung — eine Herzklappenentzündung — im Anfange des Jahres 1923 dem keine Schonung Kennenden ein Halt. Mit unerschütterlicher Ruhe und großer Geduld ertrug er die unsäglichen Leiden, bis er im Herbst durch einen schnellen Tod von seinen Qualen erlöst wurde. Im besten Mannes- und Schaffensalter — 43jährig — mußte er scheiden, zu früh, denn er, der alles aus eigener Kraft geschaffen, war im Schiffahrtsleben noch zu Großem berufen.

WALTER MENTZ

wurde im Jahre 1875 in Danzig geboren, wo sein Vater als Beamter tätig war, und aus der Erziehung in diesem Stande brachte er jene, das alte Preußentum charakterisierenden Eigenschaften mit, die seinem Wesen auch in späterem Alter die Richtung gaben. Nach dem Besuch des Gymnasiums in Erfurt, wohin seine Eltern versetzt wurden, wandte er sich nach Ablauf einer praktischen Arbeitszeit 1894 seinem Lieblingsstudium, dem Schiffsmaschinenbau, an der Charlottenburger Technischen Hochschule zu und legte sämtliche staatlichen Prüfungen als Bauführer und als Diplom-Ingenieur „mit Auszeichnung" ab. Sein großer Fleiß und seine Begabung verschafften ihm ein größeres Stipendium zu einer Reise nach Amerika, die ihm unauslöschliche Eindrücke hinterließ. Nach Abschluß seines Studiums war er zunächst als Assistent bei der Schiffbauabteilung der Charlottenburger Hochschule und später $\frac{1}{2}$ Jahr im Reichsmarineamt tätig. Er trat dann im Jahre 1901 als Abteilungsvorsteher des Schiffsmaschinenbaus in die Howaldtswerft in Kiel ein und wirkte beim Bau des kleinen Kreuzers „Undine" vielseitig mit. Seine weitere Ingenieurtätigkeit führte ihn zum Stettiner Vulcan, wo er beim Bau der Großdampfmaschinen für Schnelldampfer und große Kreuzer als Konstrukteur erfolgreich mitarbeitete.

Aber schon nach kurzer Zeit erfüllte sich ihm die alte Sehnsucht, sein vielseitiges Wissen in den Dienst der Lehrtätigkeit zu stellen. Im jugendlichen Alter von erst 29 Jahren wurde er im Herbst 1904 als ordentlicher Professor auf den Lehrstuhl für Schiffsmaschinenbau an der damals neugegründeten Danziger Technischen Hochule berufen. Eine Reihe von Jahren hatte er allein die gesamte Ausbildung im Schiffsmaschinenbau zu leisten und konnte erst im Jahre 1910 einen Teil des umfangreichen Lehrgebietes an die damals neugeschaffene Professur für Turbinen und Propeller abgeben.

In seiner Lehrtätigkeit hatte er Gelegenheit, fern vom aufreibenden Getriebe der Industrie, sich ganz dem Berufe des akademischen Lehrers hinzugeben und sich mit vollem Eifer jungen aufstrebenden Studenten zu widmen. Zugleich begann er seine literarische Tätigkeit, von der das im Jahre 1907 erschienene verdienstvolle Buch über „Berechnung und Konstruktion der Schiffskessel" Zeugnis ablegte. Auch über die in der damaligen Zeit in die Entwicklung des Schiffsmaschinenbaus eintretenden Diesel- und Explosionsmotoren hat er eine Reihe wertvoller Aufsätze verfaßt.

Besonderes Augenmerk lenkte er auf den Ausbau der Lehrtätigkeit. Seine liebevoll durchgearbeiteten Studienpläne sowie seine vorbildliche Lehrmittelsammlung, die den Studierenden vorzügliches Konstruktionsmaterial boten, werden jedem in Erinnerung sein, der bei ihm studieren konnte.

Lehrfreudigkeit und Pflichttreue gingen bei ihm Hand in Hand. Dies zeigte sich während der Kriegsjahre, wo er, obwohl militäruntauglich, sich immer wieder in den Dienst des Vaterlandes stellte und überall die durch Einberufung entstehenden Lücken im Unterricht der Hochschule und der höheren Schulen ausfüllte. Mit seinen Schülern und Kollegen verband ihn treue Freundschaft und gegenseitige Hochachtung. Sein Familienleben war der Mittepunkt seines außerberuflichen Lebens, und in ihm fand er Erholung von seiner anstrengenden Tätigkeit. Als ihn am 15. 10. 1923 nach kurzer Krankheit der Tod abrief, standen viele Freunde an seiner Bahre, denen er unvergessen sein wird.

BERNHARD MEYER

wurde geboren am 29. November 1876 als Sohn des Schiffbaumeisters und Werftbesitzers Jos. L. Meyer zu Papenburg a. d. Ems. Er besuchte das Realprogymnasium seiner Vaterstadt und die Prima des Realgymnasiums zu Münster i. W., wo er Ostern 1896 das Abiturientenexamen bestand. Darauf arbeitete er auf der Werft seines Vaters im Schiffsmaschinenbau 1 Jahr und ein halbes Jahr auf der Kaiserlichen Werft Wilhelmshaven praktisch, um sich im Herbst 1898 an der Technischen Hochschule zu Berlin dem Studium des Schiffsmaschinenbaues zu widmen. Im Jahre 1903 bestand er das Staatsexamen als staatlich geprüfter Bauführer des Schiffsmaschinenbaues und machte einige Zeit später das Examen als Diplomingenieur. Er war dann zuerst auf der Werft von Blohm & Voss und später auf dem Bremer Vulkan als Ingenieur für Maschinenbau tätig, um 1909 nach Papenburg zurückzukehren, wo er als Teilhaber in das väterliche Geschäft eintrat. Hier leitete er den Schiffsmaschinenbau; unter seiner Leitung entstanden viele gute Schiffsmaschinenanlagen bis zu 1300 PS für die Kolonien, für die Kaiserlichen Werften und private Reedereien. Seit April d. J. fühlte er sich nicht besonders wohl und klagte wiederholt über Schwindelanfälle. Am 23. September machte dann ein Schlaganfall in Bad Homburg, wo er zur Kur weilte, seinem Leben ein plötzliches, unerwartet frühes Ende.

Er war Mitglied des Kreistages, Vorstandsmitglied des Dampfkessel-Überwachungs-Vereins Osnabrück, sowie im Aufsichtsrat verschiedener Gesellschaften.

Alle, welche den liebenswürdigen, tüchtigen Menschen kannten, werden ihm ein ehrendes Andenken bewahren.

PAUL PRAETORIUS.

Am 3. Februar 1924 ist nach langem schweren Leiden in Erlangen Marinebaurat a. D. Dr.-Ing. Paul Praetorius gestorben. Mit ihm hat die Schiffbautechnische Gesellschaft ein langjähriges, treues Mitglied verloren, das sich durch seine Forschungen verdient gemacht hat. Schon als Marinebauführer zeigte sich seine technische Veranlagung bei der Neukonstruktion von Aschejektoren im Jahre 1902. Seine hervorragende Befähigung, technische Vorgänge kritisch zu untersuchen und damit die Grundlage für verbesserte Neukonstruktionen zu schaffen, bewies Dr. Praetorius, als er bei einem Ausbildungskommando auf S. M. S. Wittelsbach im Frühjahre 1903 die unerwartet großen Momente des Ruderdrucks beim manöverierenden Schiff aus der Beobachtung der Rudermaschine nachwies und hierfür mit Unterstützung von Schaeffer und Budenberg die Konstruktion eines Indikators für fortlaufende Diagramme entwickelte. Nach gründlicher Durchbildung seines Verfahrens wurde er von der Marine in den Jahren 1906—10 mit Rudermomentmessungen auf den Schiffen Braunschweig, Hessen, Nürnberg und dem Torpedoboot V 164 beauftragt. Bei den Versuchen mit Ölfeuerung unter Verwendung von Körtingschen Zentrifugalzerstäubern und der Entwicklung des Marine-Ölkessels war er in den Jahren 1905—10 sehr wesentlich beteiligt. In den folgenden Jahren bis zum Ausbruch des Weltkrieges und nachher arbeitete er an der Umsteuerung der Dieselmaschinen mittels Preßluftturbinen. Hier zeigte er seinen zähen Willen und sein unermüdliches Streben, einen technischen Gedanken trotz aller auftretenden Schwierigkeiten in der Praxis zur Vollendung zu bringen.

Dr.-Ing. Praetorius ist am 7. Juli 1874 als Sohn des Privatmannes Praetorius in Dresden geboren; er besuchte das Realgymnasium in Dresden und verließ es Ostern 1894 mit dem Reifezeugnis. Seine praktische Ausbildung erfuhr er im Sommer 1894 und in den Hochschulferien 1896, 1897 und 1899 als Eleve auf der Kaiserlichen Werft Kiel und auf einer Reise nach Brasilien als Maschinenassistent. Er studierte vom Herbst 1894 bis Mai 1901 zunächst in München, sodann in Charlottenburg Schiffsmaschinenbau mit einer Unterbrechung im Frühjahr 1895 zur Vervollständigung seiner französischen Sprachkenntnisse in Genf und 1897/98 zwecks Ableistung seines Dienstjahres als Einjährig-Freiwilliger beim Feldartillerie-Regiment Nr. 15.

Ostern 1897 legte er die Vorprüfung, Mai 1901 die 1. Hauptprüfung im Schiffsmaschinenbau ab. Am 28. August 1901 trat er als Marinebauführer bei der Kaiserlichen Werft in Wilhelmshaven ein, wurde am 18. Dezember 1901 zum Leutnant der Reserve des Feldartillerie-Regiments Nr. 51 und nach vollendeter Ausbildung und Ablegung der 2. Hauptprüfung im Schiffsmaschinenbaufach am 29. Oktober 1904 zum Marinemaschinenbaumeister ernannt. Nach etwa 3jähriger Tätigkeit als Betriebsdirigent in Wilhelmshaven wurde er im Juni 1907 als Baubeaufsichtigender der Torpedoboote V 150/161, 162/164, V 180/185 zu der A. G. Vulkan in Stettin-Bredow kommandiert und kam dann von 1910—1912 als Referent für Torpedobootsneubauten, Projekte, Versuche und Torpedobootsabnahme zur Kaiserlichen Inspektion des Torpedowesens nach Kiel. Am 31. Mai 1913 erhielt Dr. Praetorius den von ihm geforderten Abschied aus der Marine und widmete sich von dieser Zeit an ausschließlich seinen technischen Untersuchungen und Konstruktionen, insbesondere der Umsteuerung der Dieselmaschinen.

Am Weltkriege nahm er von Anfang bis zum Ende zunächst als Artillerieleutnant, später als Hauptmann in der vordersten Front in Frankreich, Flandern und Rußland teil; er war Batterieführer im Feldartillerie-Regiment Nr. 46 bei der Iserschlacht Oktober 1914, später beim Feldartillerie-Regiment Nr. 210 und in den Frühjahrsoffensiven 1918 beim Feldartillerie-Regiment Nr. 56. Er kämpfte am Chemin des Dames bei Chateau Thierry (verwundet durch Granatschuß) bei der letzten Marneschlacht, in der Abwehrschlacht bei Soissons, bei der Offensive der Amerikaner als Untergruppenführer, in der 10. aktiven Division. Auch im Felde bewies er sein technisches Können durch Konstruktion eines Sockels für Flugzeugabwehrgeschütze. Seine Erfolge als Artillerieoffizier waren nicht bloß durch unerschrockene Erforschung der Stellungen, sondern auch durch die darauf aufgebauten Überlegungen begründet. Seine Truppe führte er bis zum 1. Dezember 1918 in die Heimat zurück und schied von jedem einzelnen Mann als Freund. Ausgezeichnet war er mit dem Eisernen Kreuz erster Klasse; daneben trug er eine oldenburgische Auszeichnung und seine beiden Verwundetenabzeichen.

Ob als Techniker, ob als Soldat oder als Marinebeamter, stets war Dr. Praetorius ein ganzer, ein deutscher Mann; ein unerschrockener, zäher Kämpfer von lauterstem Charakter, dessen allzufrühes Hinscheiden von allen, die ihn kannten, von seinen Freunden und Mitarbeitern aufs tiefste betrauert wird.

ADOLF PROTZ

war als Sohn des Gutsbesitzers Adolf Protz in Wildberg bei Neuruppin, Provinz Brandenburg, am 24. Januar 1854 geboren, absolvierte die Realschule mit dem Reifezeugnis, arbeitete nachdem zwei Jahre praktisch in einer mechanischen Werkstätte in Neuruppin und studierte zu seiner weiteren Ausbildung 6 Semester Maschinenbau im Technikum Mittweida. Seiner Militärpflicht genügte er als Einjähriger bei den Pionieren in Torgau. Im Jahre 1881 erhielt Protz in Elbing eine Stellung in der Wagenfabrik von Wöhlert. Als dieser Betrieb nach kurzem geschlossen wurde, fand Protz 1883 eine Anstellung in der Maschinenfabrik und Schiffswerft F. Schichau-Elbing in dem Konstruktionsbureau für Schiffsmaschinenbau. Der bald beginnende Bau von Torpedobooten gewährte auch ihm ein weites Arbeitsfeld zur Betätigung seiner reichen Fähigkeiten und unermüdlichen Arbeitskraft.

Es gab damals viele neue und schwierige Konstruktionsaufgaben maschinen- und schiffbaulicher Art zu bearbeiten, die für spätere Torpedobootsbauten vorbildlich wurden und außer vollem Verständnis für die vorliegenden Aufgaben viel Geduld und zähe Ausdauer bis zur befriedigenden Lösung erforderten. Als nach Beendigung des Krieges der Kriegsschiffbau aufhörte, betätigte sich Protz auf dem gleichen Gebiet beim Bau von Handelsschiffen und konnte hierfür seine gesammelten reichen Erfahrungen aufs neue verwerten.

Nachdem in den letzten Jahren Protz mehrfach krank gewesen und auch leichte Schlagberührungen erlitten hatte, machte ein schwerer Schlaganfall seinem arbeitsreichen Leben am 24. Oktober 1923 am Arbeitstisch ein unerwartetes Ende.

Protz zählte zu den Gründern der Schiffbautechnischen Gesellschaft.

ANDREAS RICKMERS

Im hohen Alter von 88 Jahren ist am 7. März in Bremen der langjährige Seniorchef der Firma Rickmers Reismühlen, Reederei und Schiffbau A. G., Andreas Rickmers, verstorben. Sein Leben war ausgezeichnet durch hervorragende Tüchtigkeit und eine rastlose Tätigkeit, die an die eigene Person wie auch an andere höchste Anforderungen zu stellen pflegte. Lange Jahre hindurch hat dieser Werftbesitzer, Reeder und Kaufmann im wirtschaftlichen Leben der Stadt Bremen und der Unterweserorte Bremerhaven und Geestemünde mit seinen Unternehmungen eine der bedeutendsten Rollen gespielt.

Andreas Rickmers wurde am 25. November 1835 in Bremerhaven als ältester Sohn von Rickmers Clasen Rickmers geboren. Die Eltern waren aus Helgoland gebürtig und gaben deshalb der Rickmerschen Hausflagge die Helgoländer Farben mit dem Buchstaben R. Der Vater siedelte von dort nach dem damals neu gegründeten Bremerhaven über und legte mit der Anlage einer kleinen Bootsbauerei an der Geeste den Grundstein zu der später emporgeblühten Rickmersschen Werft. Nach der Konfirmation mußte Andreas Rickmers sofort auf der Werft praktisch arbeiten und Schiffsrisse zeichnen lernen. Mit 19 Jahren wurde er zur Weiterbildung ein Jahr nach England und Amerika gesandt. 1856 erfolgte eine Vergrößerung der Werft an der Geeste, und im Alter von erst 21 Jahren ließ dort Andreas Rickmers sein erstes Segelschiff „Jubiläum" selbst vom Stapel. Es mehrten sich die Aufträge zum Bau von Schiffen für deutsche und ausländische Rechnung, auch erfolgte nun die Gründung einer eigenen Reederei. Unter den Aufträgen befanden sich in den sechziger Jahren auch solche für den dänischen Staat und den Norddeutschen Bund.

Als im Jahre 1886 Rickmer Rickmers starb, wurde Andreas Rickmers Seniorchef der Firma. Die Reederei verfügte 1887 mit der in Glasgow gebauten „Renée Rickmers" über das erste stählerne Segelschiff, das unter deutscher Flagge fuhr. 1890 kam, ebenfalls in Glasgow erbaut, das stählerne Viermastvollschiff „Peter Rickmers" hinzu. Nun war aber auch die eigene Werft vom Holzschiffbau zum Stahlschiffbau übergegangen und hatte sich zugleich dem Bau von Dampfern zugewandt. 1892 erfolgte der Bau des Fünfmastsegelschiffes „Maria Rickmers" von 3800 Reg.-Tonnen mit einer Dampfhilfsmaschine, das auf der Heimfahrt von seiner ersten Reise nach Indien verschollen ist, nachdem es als damaliges größtes Segelschiff der Welt und ganz neuer Typ das lebhafte Interesse der internationalen Schiffahrtskreise erregt hatte.

Später erstand auf der Werft unter Rickmers das Fünfmastsegelschiff „R. C. Rickmers", damals wiederum das größte Segelschiff der Welt, 5400 Reg.-Tonnen groß, 134 Meter lang und auch mit Hilfsmaschine versehen. Andreas Rickmers, jetzt schon 71 Jahre alt, machte selbst die erste Reise mit, in Ballast nach Neuyork, von dort mit Petroleum nach Singapore und um das Kap der guten Hoffnung zurück. Das Schiff lag bei Kriegsausbruch in einem portugiesischen Hafen, fiel in Feindeshand, wurde von England wieder in Dienst gestellt und befand sich 1916 mit einer 8000-Tonnen-Ladung Zucker unter Segel, als es — von einem deutschen U-Boot versenkt wurde.

Wenn Adreas Rickmers auch der eigenen Firma und Flagge den Hauptteil seiner Kräfte gewidmet hat, so betätigte er sich auch in der Verwaltung anderer bremischer Handels- und Schiffahrtsunternehmungen.

Im 75. Lebensjahre zog er sich von den Geschäften zurück, doch mit regem Geiste weiter am Leben und Schaffen in seiner Umgebung Anteil nehmend. Der Krieg traf die In- und Auslandsunternehmungen des alten Reeders und Kaufmanns fast so vernichtend wie der Schuß des deutschen U-Bootes das stolzeste seiner einstigen Schiffe. Schwer muß ihm der Zusammenbruch alles von ihm Geschaffenen auf dem Herzen gelastet haben, doch klaren Sinnes und ungebeugt verfolgte er die erst wenig Wochen vor seinem Tode beginnende Abnahme seiner Kräfte, die zur letzten Ruhe führte. Sein Lebenswerk wird in der bremischen Geschichte einen hervorragenden Platz behalten.

OSCAR RUPERTI

wurde am 12. Juli 1836 in Hamburg geboren, wo sein Vater Kaufmann war. Seine Schul- und kaufmännische Ausbildung hat er in Hamburg erhalten und dieselbe durch Reisen ins Ausland vervollständigt. Er war dann Teilhaber der Firma H. J. Merck & Co.

Im öffentlichen Leben hat er außer manchen anderen Ämtern das Amt eines Mitgliedes der Handelskammer und zeitweise der Finanzdeputation Hamburg bekleidet; außerdem war er in verschiedenen Gesellschaften Mitglied des Aufsichtsrats, unter anderem lange Jahre Vorsitzender des Aufsichtsrates der Hamburg-Südamerikanischen Dampfschiffahrts-Gesellschaft, an derem Aufschwung er unermüdlich gearbeitet hat.

Ein besonderes Verdienst hat sich Ruperti um die Schiffbautechnik dadurch erworben, daß er sich unentwegt zuerst für die Gründung und dann später für die Sicherstellung des Betriebes der Hamburgischen Schiffbau-Versuchs-Anstalt mit Erfolg einsetzte.

Unserer Gesellschaft trat Ruperti schon bei ihrer Gründung als Mitglied bei und hat an ihrer Entwicklung stets besonderen Anteil genommen.

Am 28. April verschied er an einem Herzschlage fast 88 Jahre alt. In den deutschen Schiffbau- und Schiffahrtskreisen wird das Andenken an diesen energischen und sympathischen Mann noch lange weiterleben.

HERMANN SCHMELZER.

Am 2. Mai starb in Cassel im Alter von 51 Jahren der Oberingenieur und Prokurist Hermann Schmelzer, Leiter der Patentabteilung der Schmidtschen Heißdampf-Gesellschaft. Nach Beendigung des Hochschulstudiums war er zunächst als Mitarbeiter seines Vaters, der als Zivilingenieur im oberschlesischen Industriebezirk wirkte, tätig, um sich nach dessen Tode ganz dem Berufe eines Patentingenieurs zu widmen. Als solcher war er sechs Jahre bei Carl Pieper und dessen Sozien Mitarbeiter, um nach kurzer Tätigkeit in dem Patentbureau der Friedrich Krupp A.-G. in Essen, von 1908—1911 in Wien im Patentanwaltsbureau von Victor Tischler zu arbeiten. Die so gesammelten reichen Erfahrungen konnte er dann seit dem 1. Januar 1912, als er bei der Casseler Firma eintrat, für die Erlangung und Sicherung des Schutzes der bedeutsamen und zum Teil epochemachenden Erfindungen Wilhelm Schmidts und Hartmanns auf dem Gebiete des Heißdampfes und Höchstdruckdampfes verwerten und fand in dieser Stellung das Feld seiner Tätigkeit, wie es seinen Wünschen und Fähigkeiten am besten entsprach. Der Krieg führte ihn als gedienten Gardepionier am ersten Mobilmachungstage aus dieser Tätigkeit an die Front. Es war ihm vergönnt, bei der Belagerung Antwerpens, vor Verdun und in Galizien dabei zu sein; doch erschütterten die furchtbaren Strapazen selbst seinen starken Körper so, daß er gezwungen war, während der beiden letzten Kriegsjahre als Kompanieführer in Cöln Dienst zu tun. Dort traf ihn ein Schlaganfall, der ihn zwar körperlich stark schädigte, aber seine Geisteskräfte nicht berührte, so daß er noch an der letzten Tagung des Patentausschusses teilnehmen und bis zum Tage seines Todes durch einen zweiten Schlaganfall seine Tätigkeit voll ausüben konnte.

Schmelzer war ein aufrechter und freier Charakter, der unerschrocken seine Meinung vertrat, mit Treue an allen festhielt, die ihn förderten, und dem alle Freunde und Untergebenen ein treues Andenken bewahren werden. In den Zeitschriften für gewerblichen Rechtsschutz und des Verbandes deutscher Diplomingenieure u. a. sind zahlreiche interessante Beiträge von ihm zur Entwicklung des Patentrechts, wie Angestelltenerfindungen, Erfordernisse der patentfähigen Erfindung, Vorbildung für das Patentfach usw. erschienen, ebenso nahm er im Bezirksverein des V. d. I. in Cassel in den Fragen des gewerblichen Rechtsschutzes eine bedeutende Stellung ein. Insbesondere trat er zuletzt für die Schaffung einer dritten Instanz für den Anmelder im Erteilungsverfahren ein.

Er hat durch seine ideale Berufsauffassung, seine rege Teilnahme an allen die Entwicklung des gewerblichen Rechtsschutzes fördernden Bestrebungen und nicht zuletzt durch seine erfolgreiche Hilfe, zahlreichen wichtigen Erfindungen gegen stärkste Anfechtungen einen wirksamen Schutz zu verschaffen, der deutschen Technik wesentliche Dienste geleistet.

WILHELM SCHMIDT.

Am 16. Februar 1924 ist unser geniales Mitglied, der Baurat Dr.-Ing. Wilhelm Schmidt, einer der großen Pfadfinder deutscher Technik, nach langem schweren Leiden in Bethel bei Bielefeld verschieden.

Wilhelm Schmidt war Autodidakt; er wurde am 18. Februar 1858 in Wegeleben bei Halberstadt als einziger Sohn einfacher Landleute geboren, wo er auch die Volksschule besuchte. Schon früh zeigte sich in ihm die Neigung zur Technik. Er erlernte in Wegeleben und Halberstadt das Schlosserhandwerk und ging dann auf die Wanderschaft. In Dresden führte ihn der Zufall bei seiner Berufstätigkeit mit einem bedeutenden Künstler, dem Prof. Ehrhardt, Lehrer an der dortigen Kunstakademie, zusammen, der seine außergewöhnlichen Fähigkeiten entdeckte und ihn mit dem damaligen Rektor der Dresdner technischen Hochschule, Prof. Dr. Zeuner, bekanntmachte. Durch Zeuner lernte er den ebenfalls an der gleichen Hochschule wirkenden Prof. Lewicki kennen, der sich seiner in liebenswürdigster Weise annahm und seine technische Ausbildung förderte. Merkwürdigerweise konnte sich Schmidt niemals mit Formeln der Mathematik befreunden, sondern er legte sich alles in eigener einfacher Weise zurecht, so daß er mit Kopfrechnenoperationen und Faustregeln die schwierigsten Probleme der Wärmemechanik zu beherrschen in der Lage war, was seine wissenschaftlichen Mitarbeiter oft in Erstaunen setzte.

Kaum 25jährig machte er sich in Braunschweig selbständig und stellte sich die Verbesserung der Wärmekraftmaschine als Lebensaufgabe. Einer seiner ersten Pläne ging dahin, für das notleidende Handwerk einen Kleingewerbemotor zu schaffen — der Elektromotor fehlte damals noch. Bei diesen Arbeiten kam er darauf, Maschinen mit einem Gemisch von heißer Luft und Dampf und schließlich Dampfmaschinen mit hoch überhitztem Dampf allein zu betreiben. Die ersten im Jahre 1891 in Cassel bei Beck & Henkel vorgenommenen acht Monate langen Versuche leiteten eine vollständige Umwälzung im Dampfmaschinenbau ein. Sie führten auch zur Übersiedelung Schmidts nach Wilhelmshöhe, da ihm der befreundete Direktor Henkel zur Durchführung seiner Arbeiten seine weitere Unterstützung zugesagt hatte. Heute wird kaum noch eine neue Dampfkraftanlage gebaut, bei der nicht der hoch überhitzte Dampf, der sog. Heißdampf benutzt wird. An der ersten Schmidtschen Heißdampf-Verbundmaschine für Kondensationsbetrieb — eine weitere Vervollkommnung der ersten Maschinen — die gleichfalls von Beck & Henkel erbaut worden ist, wurde im Jahre 1894 der außerordentlich günstige Dampfverbrauch von $4^1/_2$ kg für eine indizierte Pferdestärke-Stunde festgestellt, ein Wert, der in der ganzen Technik des In- und Auslandes berechtigtes Aufsehen erregte; denn die bis dahin üblichen Dampfmaschinen gleicher Größe hatten einen etwa doppelt so großen Dampfverbrauch.

Die für die Wirtschaft der ganzen Welt bedeutungsvollste Schöpfung Schmidts ist der Heißdampflokomotivbetrieb. Es werden heute über 100 000 Lokomotiven in allen Weltteilen mit Heißdampf betrieben. Neben einer Kohlenersparnis von 15 bis 30% wird auf diesem Gebiete durch die Anwendung des Heißdampfes eine Vergrößerung der Lokomotivzugleistung bis zu 50% erreicht.

Parallel mit der Entwicklung des Heißdampf-Lokomotivbetriebes ging die Einführung des Heißdampfes im Schiffsbetriebe. Heute wird im Schiffbau kaum ein anderes Überhitzersystem als der Rauchröhren-Überhitzer von W. Schmidt verwendet, mit dem bereits über 2500 Schiffe ausgerüstet sind.

Die letzten 12 Jahre von Wilhelm Schmidts Schaffen waren mit der Einführung höchster Dampfspannungen von 60 und mehr Atmosphären ausgefüllt. Diese Arbeiten hatte er bereits im Jahre 1885 als junger Mann begonnen, mußte sie aber nach mehrjähriger Tätigkeit aufgeben, da zu damaliger Zeit sowohl er selbst wie die Hilfsmittel der Technik noch nicht reif für die Lösung dieses Problems waren. Die erste Veröffentlichung über die erfolgreichen Arbeiten und Versuche Wilhelm Schmidts mit hochgespanntem Dampf erfolgte auf der Hauptversammlung des Vereins deutscher Ingenieure im Juni 1921 in Cassel. Die damals bekanntgegebene, ungewöhnlich niedrige Dampfverbrauchszahl von etwa $2^1/_2$ kg für die indizierte Pferdestärke-Stunde, die an einer 150 pferdigen Dampfmaschine festgestellt worden war, erregte wiederum im Inlande wie im Auslande ungeheures Aufsehen, denn sie bewies, daß die von Wissenschaft und Praxis als unzweckmäßig angesehene Steigerung des Dampfdruckes auf falschen Anschauungen beruhte. Heute, nach knapp drei Jahren, steht fest, daß in Zukunft kaum eine größere Dampfkraftanlage gebaut werden wird, die nicht Dampfspannungen von 40, 50, ja bis 100 Atmosphären verwendet, ebenfalls ein zweiter hervorragender Abschnitt in der Geschichte der Dampfmaschine, der von Wilhelm Schmidt eingeleitet ist.

Schmidt war ein bescheidener selbstloser Mann bis an sein Lebensende. Keine der vielen Auszeichnungen konnte ihn von seiner Schlichtheit abbringen. Gern erzählte er von seinem Werdegang. Für Arme und Hilfsbedürftige hatte er stets eine offene Hand und ein trostreiches Wort. Seine Führernatur machte sich nicht in der breiten Öffentlichkeit geltend. Er war kein Redner und jedem öffentlichen Auftreten abhold. Er war eine ausgesprochene Gelehrten- und Künstlernatur. In seinem vulkanisch arbeitenden Geiste rangen sich seine schöpferischen Ideen oft erst nach schwerem Kampf durch. Seine Genialität kam besonders im engen Kreise seiner Freunde und Mitarbeiter zur Geltung. Es gab niemanden, der mit Schmidt in nähere Berührung kam, der sich dem Einfluß seiner starken Persönlichkeit hätte entziehen können. Er war von einer tiefen Frömmigkeit durchdrungen und fest davon überzeugt, daß er durch Gottes Gnade berufen sei, der Menschheit durch sein Wirken zu helfen. Der unglückliche Ausgang des Krieges wirkte auf ihn außerordentlich niederdrückend. Er marterte seinen Geist mit der Aufgabe, wie er seinem geliebten deutschen Vaterlande helfen könne. Die damit verbundenen Gedanken und Arbeiten, sowie die hieraus folgenden Aufregungen waren auch schließlich die Ursache seiner letzten schweren Erkrankung, von der ihn nun der Tod erlöst hat.

Die deutschen Ingenieure und die Technik der ganzen Welt betrauern seinen zu früh erfolgten Heimgang. Welche Fülle neuer Gedanken und Ideen hätten zum Wohl der Menschheit seinem schöpferischen Geist noch entspringen können!

ALFRED WELZEL

wurde am 27. Februar 1871 als Sohn des akademisch gebildeten Wappengraveurs Albert Welzel zu Dresden geboren, wo er den größten Teil seiner Schulzeit verbrachte. Nach Beendigung seiner technischen Studien an den technischen Hochschulen zu München, Stuttgart und Berlin war er zuerst als Betriebsingenieur auf dem Grusonwerk in Magdeburg tätig. Er vertauschte dann diese Stellung mit einer gleichartigen bei der Königlichen Werkstätteninspektion in Berlin, wo er mehrere Jahre lang konstruktiv tätig war. Von hier aus folgte er im Jahre 1896 einem Ruf der Waggonfabrik A.-G. „Phönix" nach Riga, wo er als Stahl- und Walzwerkschef mit dem Bau eines Stahl- und Walzwerkes betraut wurde. Unter den schwierigsten Verhältnissen hat er dort volle 11 Jahre hindurch seines Amtes gewaltet, bis dann zum Schluß, im Jahre 1907, eine erneute russischlettische Revolution es ihm ratsam erscheinen ließ, seine Tätigkeit als Reichsdeutscher auf der Waggonfabrik „Phönix" einzustellen. Er folgte daher einem Ruf der Lokomotivfabrik Henschel & Sohn, Abt. Henrichshütte, nach Hattingen a. d. Ruhr, wo er bis zum Jahre 1914 als Oberingenieur und Chef des Walzwerkes, Preß- und Hammerwerkes und der mechanischen Werkstätten tätig war.

Dann gab er diesen verantwortungsvollen Posten in Hattingen a. d. Ruhr auf, um sich in Leipzig selbständig zu machen. Hier gründete er im April 1914 ein eigenes technisches Bureau und war als beratender Ingenieur und Vertreter erstklassiger Werke, vor allen Dingen der Henrichshütte in Hattingen a. d. Ruhr, tätig. Die Aussichten für eine sichere Lebensstellung waren die besten, der Ausbruch des Weltkrieges machte sie jedoch hinfällig.

Im Jahre 1915 wurde Welzel in den Dienst des Königl. Preuß. Kriegsministeriums berufen, um sich als sachverständiger Oberingenieur in dessen Auftrage nach Warschau zu begeben, wo er bis zum Jahre 1918 als technischer-Berater der dortigen Kriegsrohstoffstelle tätig war. Sein letzter Wirkungskreis waren seit 1918 die Stahlwerke Ed. Dörrenberg-Söhne in Ründeroth i. Rhld., bei denen er bis zu seinem Tode auch wieder unter den schwierigsten Verhältnissen die Stellung eines technischen Direktors inne hatte.

Sein heißer Wunsch, den Wiederaufstieg seines geliebten Vaterlandes noch miterleben zu dürfen, ist ihm leider nicht erfüllt worden. Schwere Leiden, in der Hauptsache eine akute Lungentuberkulose, warfen den noch so Schaffensfreudigen im Oktober 1923 aufs Krankenlager. Trotz des ausgesprochensten Willens zum Leben vermochte er ihrer doch nicht Herr zu werden. Am 24. März 1924 ist Alfred Welzel in der städtischen Krankenanstalt Lindenburg zu Cöln sanft entschlafen.

Mit ihm ging ein kerndeutscher Mann dahin, der sein deutsches Vaterland über alles geliebt hat.

FRIEDRICH WILLEMSEN

wurde am 27. Juni 1872 in Duisburg geboren, besuchte in Düsseldorf, wo sein Vater als Inspektor des Germanischen Lloyd tätig war, das Realgymnasium und war danach zur Vorbereitung für den Schiffbauberuf vier Jahre hindurch in

Schmieden sowie auf Binnen- und Seeschiffswerften praktisch tätig. Nach kürzerem Aufenthalt in England besuchte er von 1894—97 die technische Hochschule in Charlottenburg, nahm dann eine Stellung bei der A.-G. Weser in Bremen an und kehrte darauf im Jahre 1898 in seine Heimat zurück, um zuerst in Vertretung seines erkrankten Vaters und hernach selbständig den Posten eines Besichtigers des Germanischen Lloyd im Düsseldorfer Bezirke zu übernehmen.

In dieser Stellung, die ihn fast ausschließlich mit der Materialprüfung beschäftigte, war er nahezu 26 Jahre tätig.

Sein Beruf, an dem er mit großer Liebe hing, ging ihm über alles. Er war von seltener Pflichttreue und, was ihn vor allem andern auszeichnete und für seine besondere Tätigkeit so wertvoll machte, er war von einer Lauterkeit des Charakters und einer Unbestechlichkeit, die durch keinerlei Rücksichten beeinflußt werden konnte.

Die ihn kannten, werden seiner noch lange in Ehren gedenken.

Inhaltsverzeichnis

1. bis 25. Band

1900—1924.

IV. Inhaltsverzeichnis.

1. Band 1900.

Vorträge:

Beiträge:

Besichtigung:

2. Band 1901.

Vorträge:

Beiträge:

Vergleichsmessungen der Schiffsschwingungen auf den Kreuzern „Hansa“ und „Vineta“ der deutschen Marine. Von G. Berling.

Neuere Forschungen über Schiffswiderstand und Schiffsbetrieb. Von R. Haack.

Die Schiffsvermessungsgesetze in verschiedenen Staaten. Von A. Isakson.

Die Werftanlagen der Newport News Shipbuilding and Drydock Co. in Newport News, Virginien. Von T. Chace.

Besichtigung:

Besichtigung der Werkstätten der Maschinenfabrik von A. Borsig in Tegel bei Berlin.

3. Band 1902.

Vorträge:

Die Entwickelung der Geschützaufstellung an Bord der Linienschiffe und die dadurch bedingte Einwirkung auf deren Form und Bauart. Von G. Brinkmann.

Elektrische Kraftübertragung an Bord. Von W. Geyer.

Über Segelyachten und ihre moderne Ausführung. Von M. Oertz.

Die Anwendung der pneumatischen Werkzeuge im Schiffbau. Von F. Kitzerow.

Die volkswirtschaftliche Entwickelung des Schiffbaues in Deutschland und den Hauptländern. Von Dr. E. v. Halle.

Der amerikanische Schiffbau im letzten Jahrzehnt. Von T. Schwarz.

Beiträge:

Kohlenübernahme auf See. Von William H. Beehler.

Der Angriffspunkt des Auftriebes. Von H. Haedicke.

Besichtigungen:

Die Werkzeugmaschinenfabrik von Ludw. Loewe & Co. A.-G., Berlin.

Die Deutschen Waffen- und Munitionsfabriken, Berlin.

Die Union-Elektrizitäts-Gesellschaft, Berlin.

4. Band 1903.

Vorträge:

Eisenindustrie und Schiffbau in Deutschland. Von E. Schrödter.

Das Material und die Werkzeuge für den Schiffbau auf der Düsseldorfer Ausstellung. Von Gotthard Sachsenberg.

Der Rheinstrom und die Entwickelung seiner Schiffahrt. Von W. Freiherr v. Rolf.

Das Drahtseil im Dienste der Schiffahrt. Von Fr. Schleifenbaum.

Einfluß der Schlingerkiele auf den Widerstand und die Rollbewegung der Schiffe in ruhigem Wasser. Von Joh. Schütte.

Die Versuchsanstalt für Wasserbau und Schiffahrt zu Berlin. Von H. Schümann.

Der Einfluß der Stegdicke auf die Tragfähigkeit eines [-Balkens. Von K. G. Meldahl.

Effektive Maschinenleistung und effektives Drehmoment und deren experimentelle Bestimmung. Von H. Föttinger.

Neuere Methoden und Ziele der drahtlosen Telegraphie. Von Fr. Braun.
Die neuesten Konstruktionen und Versuchsergebnisse von Torsionsindikatoren.
  Von Herm. Föttinger.
Arbeitsausführung im steigenden Stundenlohn. Von A. Strache.
Ventilsteuerungen und ihre Anwendung für Schiffsmaschinen. Von W. Hartmann.
Die Anwendung der Gasmaschine im Schiffsbetriebe. Von E. Capitaine.
Der gegenwärtige Stand der Scheinwerfertechnik. Von O. Krell.
Über die Herstellung von Stahlblöcken für Schiffswellen in Hinsicht auf die
  Vermeidung von Brüchen. Von A. Wiecke.

Beiträge:
Studien über submarine und Rostschutzfarben. Von M. Ragg.
Gleiche Stromart und Spannung der elektrischen Anlagen an Bord von Schiffen.
  Von C. Schulthes.
Der Bau von Schwimmdocks. Von A. F. Wiking.
Schiffbautechnische Begriffe und Bezeichnungen.

Besichtigung:
Das Königliche Materialprüfungsamt der Technischen Hochschule Berlin zu
  Groß-Lichterfelde-West.

7. Band 1906.

Vorträge:
Die Entwickelung der Schichauschen Werke zu Elbing, Danzig und Pillau. Von
  A. C. Th. Müller.
Die neuere Entwickelung der Mechanik und ihre Bedeutung für den Schiffbau.
  Von H. Lorenz.
Der Langston-Anker. Von R. Frick.
Große Schweißungen mittels Thermit im Schiffbau. Von H. Goldschmidt.
Die vermeintlichen Gefahren elektrischer Anlagen. Von W. Kübler.
Versuche mit Schiffsschrauben und deren praktische Ergebnisse. Von R. Wagner.
Theorie und Berechnung der Schiffspropeller. Von H. Lorenz.
Messung der Meereswellen und ihre Bedeutung für den Schiffbau. Von W. Laas.
Die Erprobung von Ventilatoren und Versuche über den Luftwiderstand von
  Panzergrätings. Von O. Krell.
Die Bekohlung der Kriegsschiffe. Von T. Schwarz.
Der Leue-Apparat zum Bekohlen von Kriegsschiffen in Fahrt. Von G. Leue.
Binnenschiffahrt und Seeschiffahrt. Von E. Rágóczy.

Beiträge:
Die allmähliche Entwicklung des Segelschiffes von der Römerzeit bis zur Zeit
  der Dampfer. Von L. Arenhold.

Besichtigung:
Die Fürstenwalder Werke der Firma Julius Pintsch in Berlin.

8. Band 1907.

Vorträge:

Die Verwendung der Parsons-Turbine als Schiffsmaschine. Von W. Boveri.

Magnetische Erscheinungen an Bord. Von G. Arldt.

Die Ausrüstung und Verwendung von Kabeldampfern. Von O. Weiß.

Die Dampfüberhitzung und ihre Verwendung im Schiffsbetriebe. Von H. Mehlis.

Entwicklung und Zukunft der großen Segelschiffe. Von W. Laas.

Ein neuer Lotapparat. Von E. Jacobs.

Beiträge:

Über Schleppversuche mit Kanalkahnmodellen in unbegrenztem Wasser und in drei verschiedenen Kanalprofilen, ausgeführt in der Uebigauer Versuchsanstalt. Von H. Engels und Fr. Gebers.

Die „Weser", das erste deutsche Dampfschiff und seine Erbauer. Von H. Raschen.

Besichtigung:

Die Stettiner Maschinenbau-Aktien-Gesellschaft Vulkan, Stettin-Bredow.

9. Band 1908.

Vorträge:

Entstehung, Bau und Bedeutung der Mannheimer Hafenanlagen. Von A. Eisenlohr.

Seeschiffahrt, Binnenschiffahrt und Schiffbau in Rußland mit besonderer Rücksicht auf die Beziehungen zu Deutschland. Von E. Rágóczy.

Die einheitliche Behandlung der Schiffsberechnungen zur Vereinfachung der Konstruktion. Von H. G. Hammar.

Das autogene Schweißen und autogene Schneiden mit Wasserstoff und Sauerstoff. Von E. Wiß.

Schnellaufende Motorboote. Von M. H. Bauer.

Elektrisch angetriebene Propeller. Von K. Schulthes.

Eine neue Modell-Schleppmethode. Von H. Wellenkamp.

„Navigator", Registrierapparat für Maschinen- und Rudermanöver auf Dampfschiffen. Von Fr. Gloystein.

Hydraulische Rücklaufbremsen. Von O. Krell.

Fortschritte in der drahtlosen Telephonie. Von Graf von Arco.

Beitrag zur Entwicklung der Wirkungsweise der Schiffsschrauben. Von O. Flamm.

Das Kentern der Schiffe beim Zuwasserlassen. Von L. Benjamin.

Die Universal-Bohr- und Nietendicht-Maschine mit elektromotorischem Antrieb und elektromagnetischer Anhaftung. Von E. Burckhardt.

Beiträge:

Papin und die Erfindung des Dampfschiffes. Von E. Gerland.

Weitere Schleppversuche mit Kahnmodellen in Kanalprofilen, ausgeführt in der Uebigauer Versuchsanstalt. Von H. Engels und Fr. Gebers.

Besichtigung:

Die Telefunkenstation bei Nauen.

10. Band 1909.

11. Band 1910.

Namenverzeichnis

1. bis 25. Band

1900—1924.

V. Namenverzeichnis[1]).

[1]) Die Vorträge sind **fett** gedruckt, die Beiträge *kursiv*.

Name des Vortragenden oder Redners	Titel des Vortrags oder Beitrags oder Inhalt der Erörterung	Band	Seite
Engel, O.	Sicherungen in elektrischen Leitungen	7	260
„ „	Bevorzugung des Gleichstromes vor dem Wechselstrom an Bord	8	184
H. Engels u. Fr. Gebers	*Über Schleppversuche mit Kanalkahnmodellen in unbegrenztem Wasser und in drei verschiedenen Kanalprofilen, ausgeführt in der Uebigauer Versuchsanstalt*	8	389
„	*Weitere Schleppversuche mit Kahnmodellen in Kanalprofilen, ausgeführt in der Uebigauer Versuchsanstalt*	9	487
Eßberger, J. A.	Der Spencer-Millersche Bekohlungsapparat	7	497
v. Essen, W.	Glühkopfmotoren für Fischerboote	13	255

F

Name des Vortragenden oder Redners	Titel des Vortrags oder Beitrags oder Inhalt der Erörterung	Band	Seite
Fischer, E.	Unveränderliche Kompressionsverhältnisse der Gleichstromdampfmaschine	12	129
„ „	Vorteile der Lentz-Ventilsteuerung	12	416
Flach, H.	Falsch eingeschätzte Akkordlöhne	6	223
Flamm, O.	**Beitrag zur Entwicklung der Wirkungsweise der Schiffsschrauben**	9	427
„ „	**Die Unsinkbarkeit moderner Seeschiffe**	14	534
Flamm, O.	*Wege und Ziele des wissenschaftlichen Studiums auf schiffbautechnischen Gebieten in Deutschland*	13	561
Flamm, O.	Die Arbeiten von F. Middendorf für die Einführung einer Tiefladelinie	5	94
„ „	Schiffshebekörper mit Kalziumkarbid	4	545
„ „	Eis in den Zahnungen und Schraubenspindeln der Quadrantdavits	5	139
„ „	Axial- und Nutzschub der Schrauben	6	176
„ „	Umfassendere und genauere Leistungsangaben des Dampfturbinenbetriebes erforderlich	8	125
„ „	Saugwirkung der in den Schraubenraum eintretenden Luft	10	345
„ „	Manövrierfähigkeit der Turbinen mit Föttinger-Transformatoren	11	230
„ „	Zurückführung des größten Teiles der Schraubenwirkung auf Saugwirkung	11	780
„ „	Gewichte und Preise von Schiffsmotoren	12	219
„ „	Motorboot für die biologische Station auf Helgoland	13	253
„ „	Vorteile der von innen nach außen schlagenden Doppelschrauben	13	407
„ „	Wirkung des Gegenpropellers auf die Wasserströmungen hinter der Schraube	13	483
„ „	Einwirkung der Schraube auf die Kanalsohle	15	577
„ „	Versuch einer Lösung des Schwingungsproblems der Schiffe	16	439
„ „	Kritischer Tiefgang bei lecken Schiffen	17	145
„ „	Wiederaufbau der deutschen Handelsflotte	21	176
„ „	Leckstabilität der Schiffe	21	586

M

Name des Vortragenden oder Redners	Titel des Vortrags oder Beitrags oder Inhalt der Erörterung	Band	Seite
Richter, H.	Vergleich der verschiedenen Schiffsantriebsmaschinen	11	690
Riedler, A.	**Über Dampfturbinen**	5	249
Riedler, A.	Die Entwicklung des Dieselmotors bis zur marktfähigen Maschine	14	355
Riemer, J.	Entfernung des oberen Drittels der Stahlblöcke, um einwandfreies Material zu erhalten	6	383
Rieppel, P.	Doppeltwirkende Ölmaschinen	13	331
Rieß, O.	Freibord in gewissem Sinne bestimmt durch die Schotteinteilung	2	323
" "	Schleppversuche mit Segelyachtmodellen in geneigter Lage	3	169
" "	Abänderung der Schiffsvermessung	21	278
" "	Mängel und Umgestaltung des Seeschiffs-Vermessungswesens	22	253
Rodenacker, Th. . .	Einfluß der Stauung auf die Stabilität	2	325
" " . .	Mindesttiefladelinie unnötig	5	95
" " . .	Festsetzung der Leistungsfähigkeit der Schiffe durch höhere Bewertung der Dampfertonne.	5	125
" " . .	Spezialschiffe, nur für regelmäßige große Transporte gleicher Waren möglich	5	536
Roeser, K.	**Die Vereinheitlichung der U-Schwimmdocks**	23	161
Freiherr v. Rolf, W.	**Der Rheinstrom und die Entwicklung seiner Schiffahrt**	4	235
Rollmann, W. . . .	**Entwicklung der Dampfschiffahrt auf dem Bodensee** .	16	204
Romberg, Fr. . . .	**Über Schiffsgasmaschinen**	11	437
" " . . .	**Der Ölmotor im deutschen Seefischereibetriebe** . . .	13	173
Romberg, Fr. . . .	Über U-Boots-Ölmaschinen	21	424
Rose	Notwendigkeit der Einführung von Motoren für Fischerfahrzeuge	13	260
"	Fortschritte des deutschen Fischdampferbaues . . .	16	401
"	Entwicklung der Hochseefischerei	16	401
Rosenberg, C. . . .	Erhebungen über die Frage der Lohntarife durch den Verein deutscher Schiffswerften	10	555
" " . . .	Wirkung der Schrauben auf das Drehen des Schiffes .	13	410
" " . . .	Die im Jahre 1912 in Deutschland im Bau befindlichen Schiffs-Dieselmotoren	14	363
Rosenstiel, R. . . .	**Die Entwickelung der Tiefladelinien an Handelsdampfern**	2	295
Rosenstiel, R. . . .	Ankerketten und ihre Prüfung	3	221
" " . . .	Mißbilligung der englischen Arbeiterorganisationen .	5	477
Roth, C.	**Materialuntersuchungen unter besonderer Berücksichtigung der Turbinenschaufelmaterialien, ausgeführt im Laboratorium der Firma F. Schichau-Elbing** .	17	154
Roth, C.	Schichau-Turbinen	15	153
" "	Schaufelmaterial.	15	153
" "	Rückwärtsturbinen	15	154
" "	Schaufelhavarien	15	154
" "	Übersetzungsgetriebe für Dampfturbinen.	18	221
Rothe, R.	Zentrifugalventilator für große Schiffsräume	7	440
Rudloff, J.	**Die Entwickelung des gepanzerten Linienschiffes** . .	1	269
" "	**Schiffskanone und Schiffspanzer**	16	131

Sachverzeichnis

1. bis 25. Band

1900—1924.

[1]) Die Vorträge sind **fett** gedruckt, die Beiträge *kursiv*.

H

M

N

O

P

Titel des Vortrags oder Beitrags oder Inhalt der Erörterung	Band	Seite

W